# 电工基础实验

## （第3版）

吴建生　周德仁　主　编

刘　浩　副主编

**Publishing House of Electronics Industry**

北京 · BEIJING

## 内 容 简 介

本书是《电工基础》的配套实验教材，书中实验基础知识包括误差分析，磁电系、电磁系、电动系及感应系仪表，常用电工仪器、仪表以及电路仿真软件 NI Multism 10。实验部分包括直流电路、交流电路及磁路实验和电路仿真实验，同时配有选做实验与综合实验。

本书每个实验都有实验目的、器材、原理、步骤和研究内容，便于学生掌握。

本书内容简捷，实验易懂、易学、易做，是电工基础实验专用教材。

**图书在版编目（CIP）数据**

电工基础实验 / 吴建生，周德仁主编．—3 版．—北京：电子工业出版社，2012.10
ISBN 978-7-121-18646-2

Ⅰ. ①电…　Ⅱ. ①吴…　②周…　Ⅲ. ①电工试验－中等专业学校－教材　Ⅳ. ①TM-33
中国版本图书馆 CIP 数据核字（2012）第 234398 号

策划编辑：杨宏利
责任编辑：杨宏利
印　　刷：北京虎彩文化传播有限公司
装　　订：北京虎彩文化传播有限公司
出版发行：电子工业出版社
　　　　　北京市海淀区万寿路 173 信箱　邮编 100036
开　　本：787×1 092　1/16　印张：9　字数：230.4 千字
版　　次：2001 年 11 月第 1 版
　　　　　2012 年 10 月第 3 版
印　　次：2018 年 8 月第 2 次印刷
定　　价：23.00 元

凡所购买电子工业出版社图书有缺损问题，请向购买书店调换。若书店售缺，请与本社发行部联系，联系及邮购电话：（010）88254888，88258888。

质量投诉请发邮件至 zlts@phei.com.cn，盗版侵权举报请发邮件至 dbqq@phei.com.cn。

本书咨询联系方式：（010）88254592，bain@phei.com.cn。

# 前 言

本书是电工基础实验课程的专用教材。本课程是电类专业的一门实践课。其任务是通过本课程的学习，使学生掌握电气测量的基本知识、基本方法和基本技能，为学生今后掌握电气类综合技能打下基础。

通过本课程的学习，学生应能达到以下要求：

(1) 熟悉常用电工仪表的构造与工作原理，熟悉电气测量的基本知识与常用测量方法；

(2) 掌握使用常用电工仪表的技能；

(3) 初步具有观察分析电路运行的现象，实施实验过程的能力；

(4) 初步具有应用电气测量技术，检测、调试一般电路的能力；

(5) 初步具有设计实验电路，调试、改进电路的能力；

(6) 养成实事求是、严肃认真的科学态度与工作作风，养成良好的职业道德。

全书共分 6 章，第 1 章为误差分析与电工仪表基础知识，第 2 章为直流电路实验，第 3 章为正弦交流电路实验，第 4 章为选做实验，第 5 章为综合实验，第 6 章为电路仿真实验。全书由易到难，由简单到综合，实用性强，第 2，3，6 章为必学内容，约需 30 学时，第 4，5 章为选做实验，约需 30 学时，对单独开设实验课的专业，应完成约 60 课时的教学内容。每次实验两节课是不够用的，实验前应做好充分的准备，包括预习、器材准备等。综合实验应在老师的指导下制定好实验方案后，方可进实验室做实验。

本书适应当前教学要求，具有叙述简明，易学、易懂、易做的特点。根据教学的需要，把仪表的结构、原理及使用方法分散到各个章节中，降低了教学难度，努力做到学用结合。

本书由南京下关职业教育中心周德仁、南京溧水中等专业学校吴建生任主编。由兰州商学院信息工程学院刘浩任副主编。第 1，2 章由周德仁编写，第 3，5 章由刘浩编写，第 4、6 章由吴建生编写。

由于作者水平所限，书中不妥和错误之处在所难免。作者在此非常感谢对本书提出宝贵意见的老师，同时欢迎各位老师及读者再对本书多提宝贵意见。

编 者
2012 年 9 月

# 目　录

# 第1章 误差分析与电工仪表基础知识

家庭用电的电能计算应当是各用户的分表度数之和，等于总表的记录数，但它们常常不吻合，你能解释其中的原因吗？电工实验室有各种仪表，表盘上有各种符号，它们代表什么？你知道吗？通过本章的学习，你一定能做出正确的解答。

## 1.1 指示仪表的误差与准确度

在电工实验中，把被测量转变成机械位移，从而指示被测量大小的电工仪表，叫做电测量指示仪表，简称指示仪表。在电工测量中，被测量的实际值是客观存在的，而指示仪表在生产过程中由于生产技术的原因，测量时环境的影响及最小刻度数后一位数字的估读，使得测量值与实际值总是存在一定的误差。怎样才能使测量值更接近其实际值呢？我们通过误差分析的学习，掌握了误差产生的原因，就可以减小测量误差。

### 1.1.1 仪表的误差及其分类

在电工实验中，我们把测量值与实际值之间的差异叫做仪表误差。根据引起误差的原因，可以将仪表的误差分为基本误差和附加误差两种。

#### 1. 基本误差

仪表在规定的正常工作条件下，如在规定的温度、湿度、安置方式及外磁场强度等都在规定条件下使用时产生的误差叫做基本误差。基本误差主要由仪表本身结构和制造工艺的不完善而产生的，任何仪表都存在基本误差。我们力求在生产过程及测量过程中减小这种误差。

#### 2. 附加误差

在一般的实验室或生产车间进行测量时，总会有不满足电工仪表规定的工作条件，如温度一年四季都在变化。在测量时，由于未能满足电工仪表的正常工作条件而产生的误差叫做仪表的附加误差。

### 1.1.2 仪表误差的两种表示方法

#### 1. 绝对误差

我们用 $A_x$ 表示测量值，$A_0$ 表示实际值，则测量值 $A_x$ 与实际值 $A_0$ 之差就叫绝对误差。绝对误差用 $\Delta$ 表示，显然

$$\Delta = A_x - A_0 \qquad (1\text{-}1)$$

### 2. 相对误差

测量不同大小的被测量时，用绝对误差是无法比较两次测量的准确程度的。例如测 100mA 的电流时，绝对误差是 1mA；测量 10mA 的电流时，绝对误差也是 1mA，虽然两次测量的绝对误差都是 1mA，但你会认为第一次测量的结果较准确，因为第一次测量误差仅 1%，而第二次误差为 10%，这就是相对误差的概念。

相对误差等于绝对误差与实际值的百分比，用 $\gamma$ 表示，显然

$$\gamma = \frac{\Delta}{A_0} \times 100\% \tag{1-2}$$

**例 1-1**　用一只电流表测量实际值为 50mA 的电流时，其指示值为 50.5mA；测量实际值为 10mA 时，其指示值为 9.7mA。求两次测量的绝对误差与相对误差。

解：第一次测量时

$$\Delta_1 = A_{X1} - A_{01} = 50.5\text{mA} - 50\text{mA} = 0.5\text{mA}$$

$$\gamma_1 = \frac{\Delta_1}{A_{01}} \times 100\% = \frac{0.5}{50} \times 100\% = 1\%$$

第二次测量时

$$\Delta_2 = A_{X2} - A_{02} = 9.7\text{mA} - 10\text{mA} = -0.3\text{mA}$$

$$\gamma_2 = \frac{\Delta_2}{A_{02}} \times 100\% = \frac{-0.3\text{mA}}{10\text{mA}} \times 100\% = -3\%$$

根据以上计算我们发现

① $\Delta_1$ 为正值，说明测量值大于实际值；$\Delta_2$ 为负值，说明测量值小于实际值。

② $|\Delta_1| > |\Delta_2|$，但 $|\gamma_1| < |\gamma_2|$，说明第二次测量的误差对测量结果的影响较第一次要大。

③ 绝对误差 $\Delta$ 有单位，而相对误差 $\gamma$ 没有单位。

## 1.1.3　仪表的准确度等级

仪表的最大绝对误差 $\Delta_m$ 与仪表的满刻度值（最大量程）$A_m$ 比值的百分数，称为仪表的准确度。

准确度可分为 7 个等级，用 $K$ 表示，其计算公式如下：

$$\pm K = \frac{\Delta_m}{A_m} \times 100\% \tag{1-3}$$

$$\Delta_m = A_m \times (\pm K\%) \tag{1-4}$$

$$\gamma_m = \frac{\Delta_m}{A_0} \times 100\% \tag{1-5}$$

准确度等级与对应的基本误差见表 1-1。由表 1-1 可知，准确度等级越小，基本误差越小。0.1，0.2 级的仪表常用于科学实验与研究或校验准确度较低的仪表，0.5，1.0，1.5 级的仪表可用于实验室的实验，要求不高的场合可选用 2.5，5.0 级的仪表。仪表的 $K$ 值越小，价格越高，应根据测量的具体要求选用仪表，不可盲目追求准确度较高（$K$ 值较小）的仪表。在实验测量时，我们常常不知被测量的实际值，这时可用准确度较高的仪表的测量值作为用准确度较低的仪表测量时的实际值。

表 1-1　仪表的准确度等级和基本误差

| 准确度等级 | 0.1 | 0.2 | 0.5 | 1.0 | 1.5 | 2.5 | 5.0 |
| --- | --- | --- | --- | --- | --- | --- | --- |
| 基本误差 | ±0.1% | ±0.2% | ±0.5% | ±1.0% | ±1.5% | ±2.5% | ±5.0% |

**例 1-2**　用量程为 100V，准确度为 0.5 和量程为 10V，准确度为 2.5 的两个直流伏特表，分别测 9V 的电压。求两次测量时的最大绝对误差和最大相对误差。

解：0.5 级伏特表测量时

$$\Delta_{m1} = A_{m1} \times (\pm K\%) = 100V \times (\pm 0.5\%) = \pm 0.5V$$

$$\gamma_{m1} = \frac{\Delta_{m1}}{A_x} \times 100\% = \frac{\pm 0.5mA}{9mA} \times 100\% \approx \pm 6\%$$

2.5 级伏特表测量时

$$\Delta_{m2} = A_{m2} \times (\pm K\%) = 10V \times (\pm 2.5\%) = \pm 0.25V \approx \pm 0.3V$$

$$\gamma_{m2} = \frac{\Delta_{m2}}{A_x} \times 100\% = \frac{\pm 0.3mA}{9mA} \times 100\% \approx \pm 3.3\%$$

我们发现测量值接近满刻度值时，相对误差较小，反之较大。这是因为仪表的最大绝对误差是不变的，而测量值又在分母上的缘故。

**思考题**

1. 根据例题 1-2 说明仪表的准确度越高，测量的相对误差就越小。在选择仪表的量程时，测量值最好能使指针在满刻度的 2/3 处，想一想，为什么？

2. 测量 11A 的电流，其相对误差不大于 ±10%，求最大绝对误差。若电流表满量程为 15A，该电流表为哪一级？

3. 电度表通过机械转动记录用电度数，用久之后，会使摩擦阻力矩增加，使转速减慢。用电总量的最大误差等于各分表读数误差的绝对值之和，即 $|\Delta_m| = |\Delta_1| + |\Delta_2| + \cdots + |\Delta_n|$。电度表总表的读数被认为是各用户用电之和的实际值，总表的准确度等级相对于分表应当怎样选？现在你能回答本章引言的第一个问题了吗？

## 1.2　电工仪表简介

### 1.2.1　电工仪表的分类

（1）根据工作原理，可分为磁电系、电磁系、电动系、感应系等。

（2）根据测量对象，可分为电流表、电压表（有交、直流之分）、欧姆表、功率表、电度表、相位表等。

（3）根据读数，可分为指针式、数字式和记录式等。

（4）根据使用方式还可分为便携式，如万用表；开关板式，如配电板上的电压表、电流表等。

### 1.2.2　电工仪表的常用符号

电工仪表的常用符号请参看附录 D。

### 1.2.3 电工仪表的型号

#### 1. 便携式仪表

便携式仪表的型号按下列格式即图 1-1 表示。

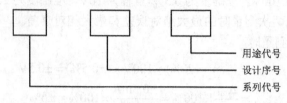

用途代号
设计序号
系列代号

图 1-1　便携式仪表的型号

#### 2. 板式安装仪表

板式仪表的型号如图 1-2 所示。

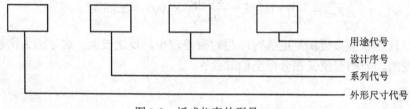

用途代号
设计序号
系列代号
外形尺寸代号

图 1-2　板式仪表的型号

系列代号的表示方法：

C —— 磁电系（常用于测直流量）

D —— 电动系

T —— 电磁系

G —— 感应系

用途代号的表示方法：

A —— 电流表

W —— 功率表

V —— 电压表

Φ —— 相位表

### 1.2.4 电工仪表的选用

选用电工仪表时应注意以下四点。

（1）根据被测量的对象选用仪表，要特别注意交、直流不能选错。

（2）根据被测量的大小选择仪表的量程，当无法估计被测量的大小时，应从最大的量程开始，向较小的量程逐一测试。

（3）根据对被测量的误差要求，合理选用仪表的准确度。

（4）注意仪表使用的规定条件。

### 思考题

1. 44T2－A 与 C2－V 各表示什么意义？

2. 写出图 1-3 仪表面板各符号的意义。

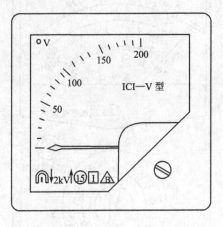

图 1-3

## 1.3　指针式仪表的读数

### 1. 单一量程电工仪表的读数

单一量程的电工仪表可以从仪表的刻度盘上直接读出测量值。测量值的读数应为"准确读数加一位估读数"。如图 1-4（a），（b）所示，（a）图电流表的读数为 2.4 A，（b）图电压表的读数为 8.0V，读数中的 0.4A 与 0.0V 都是估读数。

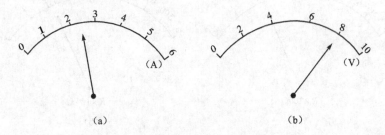

图 1-4　电流表和电压表的读数

需要注意的是估读值只能是最小刻度值后的一位，不可能估读出两位，如 2.43A 中的 0.03A 是无法估读的。如果指针正好落在刻度线上，估读数就为 0.0A。为了减小读数的误差，读数时双眼应正视仪表指针，仪表的刻度盘如有反射镜，则双眼正视指针，使镜中"虚像"与刻度盘指针重合，这样因视觉引起的读数误差会最小。估读数字是欠准确的，所以也称为欠准确读数。

### 2. 多量程电工仪表

为了扩大电工仪表的测量范围，常把电工仪表制成多量程仪表。如图 1-5 所示，MF—30 万用表的电阻量程有 "$R \times 1 \sim R \times 10k$" 共 5 个量程，交流电压有 "1V～500V" 共 5 个量程。读数时，应读为：

刻度值×倍数

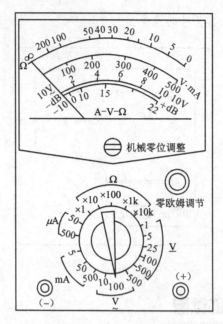

图 1-5　MF—30 万用表

如图 1-6 所示，测电阻时，量程选择旋钮分别选择"$R{\times}100\,\Omega$"和"$R{\times}10\mathrm{k}\Omega$"，则读数应为

$$R_1 = 24 \times 100\Omega = 2400\Omega$$
$$R_2 = 24 \times 10\mathrm{k}\Omega = 240\mathrm{k}\Omega$$

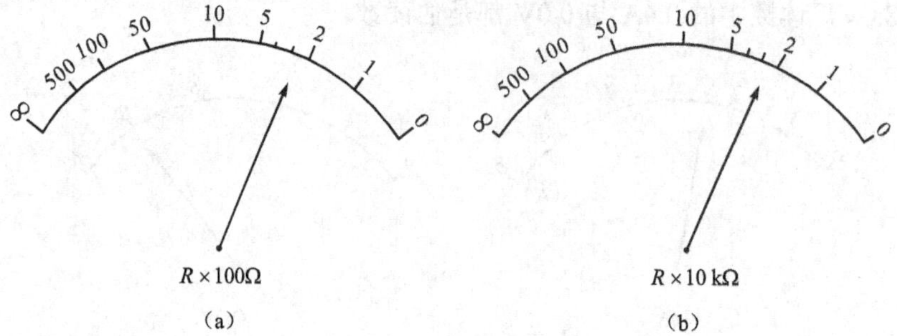

$R \times 100\Omega$

（a）

$R \times 10\,\mathrm{k}\Omega$

（b）

图 1-6　测电阻

如图 1-7 所示，测电压时，量程分别选择"25V"和"100V"，则读数应为

$$U_1 = 2.3\mathrm{V} \times 5 = 11.5\mathrm{V} \approx 12\mathrm{V}$$
$$U_2 = 2.3\mathrm{V} \times 20 = 46\mathrm{V}$$

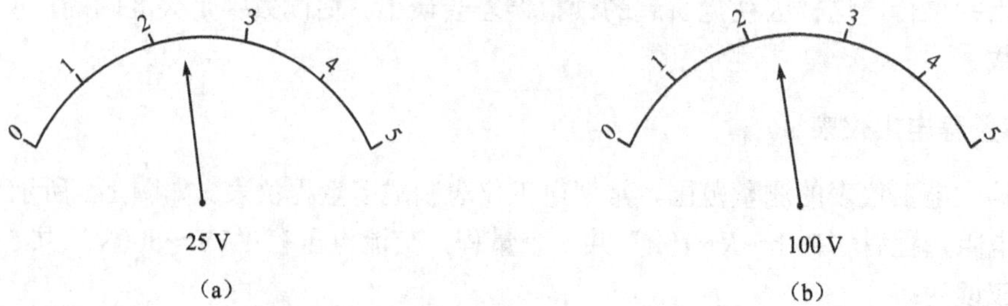

25 V

（a）

100 V

（b）

图 1-7　测电压

**思考题**

1. 有人说，在估读欠准确数字时，估读的数字越多，读数越准确，对吗？为什么？

2. 请读出图 1-8 中的电流、电压与电阻的读数。

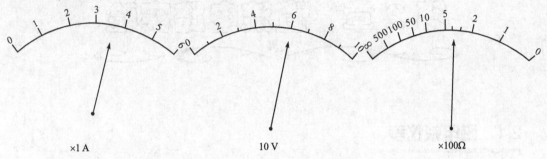

图 1-8　电流、电压与电阻的读数

# 1.4 有效数字

## 1.4.1 有效数字

有效数字的定义：一个数的左边第一个（非零）数字到右边的最后一位数字（可以是零）叫做这个数的有效数字。在电工测量与计算中，经常会用到有效数字。例如 0.012A 的有效数字是两位，2.50V 的有效数字是三位。

## 1.4.2 有效数字的运算

### 1. 加减运算

两数相加减时，小数点后的数字应按位数最少的保留。例如：

$0.033 + 1.01 \approx 1.04$　　　　　　（将 0.003 舍去）

$0.038 + 1.01 \approx 1.05$　　　　　　（四舍五入，0.008 进位）

### 2. 乘除运算

两数作乘除运算时，所保留的有效数与两个数中有效数字少的一个数相同。例如：

$7.3 \times 5.0 = 36.5 \approx 36$　　　　　　（保留两位有效数字）

根据测量的实际需要，有时可多保留一位有效数字。

**例 1**　测得某电器设备的端电压为 22.0V，通过的电流为 2.8A，求该电器设备的功率。若该电器设备每月用电 500 小时，每度电的电费为 2.5 元，求一个月的电费是多少？

解：$P = UI = 22.0V \times 2.8A = 39.6W = 0.0396kW$　　（多保留一位有效数字）

一个月的电费 $=0.0396kW \times 500h \times 2.5 = 49.5$ 元　　（多保留一位 0.5 元）

**思考题**

1. 测得并联两电阻的电流分别为 1.2A 与 280mA，求两电阻的总电流。

2. 测得某灯泡两端的电压为 220.2V，电流为 2.0A，求该灯泡的功率。分别用两位及多保留一位有效数字表示。

# 第2章 直流电路实验

## 2.1 磁电系仪表

### 2.1.1 磁电系仪表的结构与工作原理

#### 1. 结构

磁电系仪表的结构如图 2-1（a）所示，它主要由 1—永久磁铁，2—极掌，3—圆柱形铁芯，4—可动线圈，5—游丝，6—指针，7—线圈框架，8—平衡锤，9—调零装置等组成。

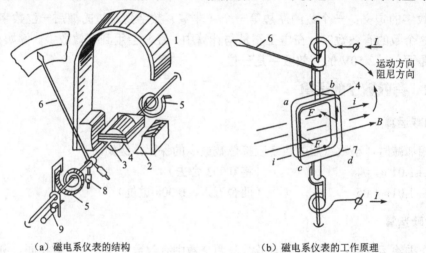

（a）磁电系仪表的结构　　　　　　　　（b）磁电系仪表的工作原理

图 2-1　磁电系仪表

#### 2. 工作原理

如图 2-1 所示，当线圈 4 通过直流电流 $I$ 后，永久磁铁就对线圈的 $ac,bd$ 两边产生电磁力的作用，产生的电磁力矩为

$$M = 2F\frac{L}{2} = NBILl$$

式中　$l = ac = bd$，$L = ab\sin\alpha$；

　　　　$N$ ——线圈的匝数；

　　　　$B$ ——磁感应强度；

　　　　$\alpha$ ——$ab$ 与 $B$ 间的夹角。

电磁力矩使线圈转动，指针偏转。设游丝的反向力矩为 $M'$，当 $M=M'$ 时，在铝框（阻尼器）中感应电流的作用下，指针很快静止，指示在被测值上。平衡锤的作用是调节机械平衡，使重心在转轴上，以减小测量误差。线圈未通过电流时，指针应指在零位上，若不指零，可通过调零器调零。

### 2.1.2　磁电系电流表

磁电系电流表是用来测直流电流的，它应串联在电路中。由于可动线圈的线径较细，又是被测电流的路径，可通过的电流较小，因此，磁电系电流表通常都做成微安表或毫安表。如果要测较大电流，可并联分流电阻来扩大量程，如图 2-2 所示，图（a）是单量程电流表，图（b）是多量程电流表。

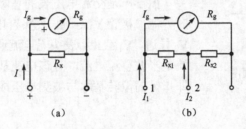

图 2-2　磁电系电流表

### 2.1.3　磁电系电压表

磁电系电压表是由磁电系电流表头串接分压电阻构成的，用于测直流电压时，必须要串联分压电阻来扩大量程，否则只能做毫伏表使用（表头的内阻很小，通过的最大电流是毫安级）。磁电系电压表的原理如图 2-3 所示。图 2-3（a）是单量程电压表，图 2-3（b）是多量程电压表。

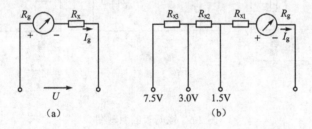

图 2-3　磁电系电压表

**思考题**

1. 磁电系仪表为什么只能测直流？要测交流怎么办？（如万用表的交流挡）。

2. 在测量时，如果错把电压表串联在电路中，电流表并联在被测器件上，会出现什么问题？

## 2.2　万用表的原理与使用

由于万用表的功能多，携带方便，操作简易，因而在电路实验、电气安装与维修中得到广泛的应用。

万用表主要由表头、转换开关及测量电路等组成。表头是一磁电系电流表，其两个主要参数是满偏电流 $I_g$ 与表头内阻 $R_g$。万用表测量电路除表头外，还有直流电流、电压，交流电流、电压，电阻等测量电路。本节仅对万用表的基本原理作一简介，万用表的详细知识见《万用表》一书。

### 2.2.1 万用表的测量原理

直流电流、电压的测量，其基本原理在本章 2.1 节中已经介绍过，这里只介绍交流电压与电阻的测量原理。

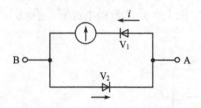

图 2-4 交流电压表的原理图

**1. 交流电压的测量**

图 2-4 是交流电压表的基本原理图。设电压正半周时整流二极管 $V_1$ 导通，表头有电流通过，电压负半周时 $V_2$ 导通，$V_1$ 截止，表头无电流通过。所以通过表头的电流是半波整流电流，且该电流基本与被测电压成正比，即指针的偏转基本与被测电压成正比。

**2. 欧姆表**

图 2-5（a）是欧姆表的电路原理图。其通过表头的电流为

$$I = \frac{E}{R_g + r + R + R_x}$$

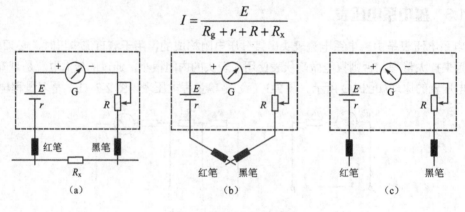

图 2-5 欧姆表的原理图

式中   $E$ ——欧姆表电源；

     $r$ ——电源内阻；

    $R_g$ ——表头内阻；

    $R$ ——调零电阻；

    $R_x$ ——被测电阻。

如图 2-5（b）所示，当红、黑表笔短接时，$R_x=0$，指针应指在满刻度处。$R_x \rightarrow \infty$ 时，红、黑表笔不接触（开路），指针停在电流表的零点，表示 $R_x$ 为 $\infty$。由于 $R_x$ 在分母上，所以指针的偏转与电阻的大小呈非线性关系，$R_x$ 越大指针偏转越小，$R_x$ 越小指针偏转越大。

### 2.2.2 使用万用表的注意事项

使用万用表时请注意以下几点。

（1）测量时应调节指针指在零点。且每接一测量项目，都要调整。

（2）操作转换开关，选择正确的测量项目。合理地选用量程，尽量使指针指在满刻度偏转的 2/3 处左右。

（3）测量时，注意"+"、"−"极性不要接错。

（4）读数时，两眼正视指针，并估读一位小数。

（5）测量过程中，不得拨动转换开关，防止损坏触点。

（6）测量结束后，转换开关应拨到最大交流电压挡。如长期不用，应将表内电池拆下。

（7）测量电流时，电流表应串联在电路中；测量电压时，电压表应并联在电路中。

（8）不得带电测量电阻。

### 2.2.3　万用表的使用

#### 1. 量程的选择

根据测量项目通过量程转换开关选择测量项目与量程。如图 2-6 所示，MF—37 万用表测量项目有直流电流、直流电压、交流电压以及电阻等。

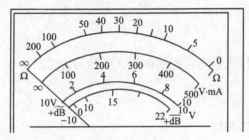

图 2-6　MF—37 万用表的面板

#### 2. 直流电流的测量

测量直流电流时，根据预估的被测量的大小，把转换开关选择在微安或毫安挡，同时选择适当的量程。微安挡的 50μA, 500μA 及毫安挡的 5mA, 50mA, 500mA 表示量程，即测量的最大值。被测值最好在量程的 2/3 处，此时测量误差会较小。

测量电流时，万用表应串联在电路中，电流应从万用表的"+"极流进，"−"极流出。

#### 3. 电压的测量

测量交流电压时，转换开关选择交流电压挡。测量直流电压时，选择直流电压挡。选择好交流或直流电压挡后，还要选择适当的量程。

测量电压时，电压表应并联在被测电路上。测直流电压时，正表笔应接在电路的高电位端，负表笔应接在低电位端，测交流电压时不分正负极性。

测量电流或电压时都要预选量程，在不知道被测量的大小时，可由最大量程向低量程试测，直至选到适当的量程为止。

#### 4. 电阻的测量

测量电阻时，万用表应水平放置，看其指针是否指到左边的零位；若没指到零位，应通过机械调零旋钮调零。

测量电阻时，可按图 2-7 进行电阻挡调零。调零时，先选择好电阻挡的量程，然后将红、黑表笔短接，指针应在 0Ω 处，若不在 0Ω 处，可通过零欧调节旋钮调零。测量电阻时，每换一次量程，都要调整一次。

图 2-7　电阻挡调零

## 2.3　实验 1　认识性实验

### 预习

（1）阅读本节。
（2）复习电流表、电压表及万用表的使用（可参阅说明书）。

### 2.3.1　实验目的

（1）学习实验安全操作规则。
（2）练习使用直流稳压电源。
（3）练习使用直流电流表、电压表。
（4）学习用万用表测直流电流、电压，学会选用量程。
（5）通过电流表、电压表的使用，加深"分流"、"分压"的概念。

### 2.3.2　实验器材

| 器材 | 规格 | 数量 |
|---|---|---|
| （1）万用表（M47 或 500 型等） | | |
| （2）直流稳压电源（JYW—30B） | | 1 只 |
| （3）直流电压表（3.0V/6.0V，1.0 级） | | 1 只 |
| （4）直流毫安表（100mA/200mA，1.0 级） | 100mA | 2 只 |
| | 200mA | 1 只 |
| （5）绕线电阻 15Ω/10W，10Ω/10W | | 各 1 只 |
| （6）新旧 1.5V，1 号干电池 | | 各 2 只 |
| （7）3 伏（2 节电池）电筒 1 个或者电池夹 1 个，小灯座 1 个 | | |
| （8）单刀开关 1 只，导线若干 | | |
| （9）电阻箱 | | 1 只 |

### 2.3.3　实验原理

（1）根据串联电路的电流处处相等，并联电路各支路电压相等的特点，测量电流时，电流表应串联在电路中；测量电压时，电表应并联在电路中。

（2）复习万用表的使用注意事项与使用方法。

（3）复习串联电路的分压，并联电路的分流原理。

### 2.3.4 实验步骤

#### 1. 学习实验室安全操作规则（见附录 A）

#### 2. 测量电池的电压与"电筒"工作时的电流

（1）分别测量 2 节新电池及 2 节旧电池串联时的电压，记录在表 2-1 中。

（2）分别用电流表测电筒在新、旧电池状态下工作时的电流，并观察灯珠的亮度变化，记录在表 2-1 中。

表 2-1

| 项 目<br>成 色 | 电 压 | 电 流 | 灯珠实际功率 | 分析灯珠变暗的原因 |
|---|---|---|---|---|
| 新电池 | | | | |
| 旧电池 | | | | |

#### 3. 练习使用万用表测量电阻

用万用表的欧姆挡测量 $1.5\Omega$, $10\Omega$ 的电阻，记录在表 2-2 中（设标称值即为实际值）。

表 2-2

| | 实际值 | 测量值 | 绝对误差 | 相对误差 |
|---|---|---|---|---|
| $R_1$ | | | | |
| $R_2$ | | | | |

#### 4. 练习使用直流稳压电源

（1）在老师的指导下将万用表的转换开关拨到不同的测量项目上，熟悉每一被测项目的读数。

（2）在老师的指导下熟悉直流稳压电源面板上的各部件，如输出电压、开关功能等。

（3）用毫安表及万用表测量图 2-8 的电流及各点的电位（电源负极为零位），记录在表 2-3 中。

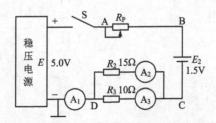

图 2-8　练习使用稳压电源及万用表

表2-3　电位、电压、电流测量数据

| 参考点 | 测量记录（V, mA） | | | | | | | 计算值（V） | | |
|---|---|---|---|---|---|---|---|---|---|---|
| | $V_A$ | $V_B$ | $V_C$ | $V_D$ | $I_1$ | $I_2$ | $I_3$ | $U_{AB}$ | $U_{BC}$ | $U_{CD}$ |
| A | | | | | | | | | | |
| B | | | | | | | | | | |

**思考题**

1. 根据表2-3的记录，说出实验结论（分流、分压，参考点与电位、电压的关系）。

2. 实验前你检查了仪表器材的好坏与规格了吗？实验完成后，所有器材都整理完毕了吗？记住，在今后的实验中这两件事都是必须认真完成的。

3. 测量电流、电压时，你的仪表量程选得对吗？应当怎样选？

## 2.4　实验2　线性电阻、非线性电阻、电源的外特性

**预习**

（1）电阻的伏安特性、二极管的伏安特性，电源的端电压与负载的关系。

（2）根据电路中待测电流、电压的大小，正确选择电流表、电压表的量程。

### 2.4.1　实验目的

（1）学会正确使用直流稳压电源。

（2）掌握电流表、电压表的量程选择。

（3）学习用曲线描绘实验数据。

（4）学会正确使用滑线变阻器。

### 2.4.2　实验器材

（1）晶体管直流稳压电源或直流电源　　　　1只

（2）0～150Ω，1.5A 滑线电阻　　　　　　1只

（3）6.3V 小电珠　　　　　　　　　　　　1只

（4）100mA／200mA，1.0级直流毫安表　　1只

（5）1.5V／3V／7.5V，1.0级直流电压表　　1只

（6）MF47 或 500 型万用表　　　　　　　　1只

（7）47Ω／0.5W 定值电阻　　　　　　　　　1只

（8）单刀开关　　　　　　　　　　　　　　1只

### 2.4.3　实验原理

**1. 电阻使用常识**

（1）电阻的大小除用数字表示外，还常用颜色来表示，见表2-4。

表 2-4　电阻值的色标表示

| 颜　　色 | 黑 | 棕 | 红 | 橙 | 黄 | 绿 | 蓝 | 紫 | 灰 | 白 |
|---|---|---|---|---|---|---|---|---|---|---|
| 有效数字 | 0 | 1 | 2 | 3 | 4 | 5 | 6 | 7 | 8 | 9 |
| 乘　　数 | $10^0$ | $10^1$ | $10^2$ | $10^3$ | $10^4$ | $10^5$ | $10^6$ | $10^7$ | $10^8$ | $10^9$ |

误差：银色（10%），金色（5%），无色（20%）

例如：在图 2-9 中，黄色表示 4，紫色表示 7，橙色表示乘数为 $10^3$，银色表示误差为±10%，图 2-9 表示的电阻为 $R = 47 \times 10^3 \Omega = 47\text{k}\Omega$。

（2）电阻的误差等级。电阻器的误差用最大相对误差即准确度来表示，通常可分为±5%（Ⅰ），±10%（Ⅱ），±15%（Ⅲ）三级。对准确度要求较高的线路还常用到±2%，±1%的电阻器。

### 2. 电源的外特性

根据 $I = \dfrac{E}{R+r}$ 可知：当 $E, r$（电源内阻）不变时，负载 $R$ 增大，$I$ 减小，内阻压降 $U_0 = I \times r$ 减小，负载电压 $U = E - U_0$ 增加，反之 $U_0$ 增大。所以 $U$ 随 $R$ 的增加而增加，随 $R$ 的减小而减小，端电压 $U$ 随负载电阻变化而变化的特性叫电源的外特性。

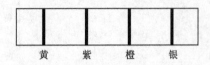

图 2-9　色标表示的电阻

## 2.4.4　实验步骤

### 1. 测量线性电阻的伏安特性曲线

（1）如图 2-10 所示，将 47Ω的电阻、电流表、电压表及可调电阻正确接入电路。

（2）按照表 2-5 的要求，调节稳压电源的输出电压，测量通过 47Ω电阻的电流及加在其上的电压，记录在表 2-5 中。

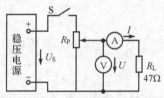

图 2-10　线性电阻的伏安特性测量电路

表 2-5　线性电阻的电压、电流测试参数

| $E$（V） | 1 | 1.5 | 2 | 3 | 4 | 5 |
|---|---|---|---|---|---|---|
| $U$（V） | | | | | | |
| $I$（A） | | | | | | |

　注意

测量时，$E$ 由 5V 向 1V 调试，逐级实验。要估算电流的大小，正确选用电流表、电压表的量程，在变更仪表量程时，应先关闭稳压电源。电阻 $R_P$ 先调至最大，使 $U=0$，然后逐渐调小 $R_P$，选一合适的电压 $U$。

（3）以图 2-11（a）为例，在图 2-11（b）上描绘电阻的伏安曲线。

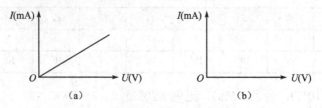

图 2-11　线性电阻的伏安特性曲线

### 2. 测量非线性电阻（工作中的小灯珠）的伏安特性曲线

（1）根据图 2-12 连接好电路。

（2）按照表 2-6 的要求，根据图 2-12 进行测量实验，并将数据记录在表 2-6 中。

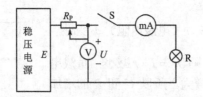

图 2-12　非线性电阻的伏安特性测量电路

表 2-6　非线性电阻的电压、电流参数测量

| $E$（V） | 1 | 1.5 | 2 | 3 | 4 | 5 |
|---|---|---|---|---|---|---|
| $U$（V） | | | | | | |
| $I$（mA） | | | | | | |
| $R$（Ω） | | | | | | |

 **注意**

先取 $E=6V$，$R_P$ 先调至最大，然后逐渐调小（滑动端向左）使 $U$ 为小灯珠的额定电压。然后逐渐调小 $E$ 进行测试。

（3）根据图 2-13（a）所示，按测量值在图 2-13（b）上描绘出小电珠电阻的伏安特性曲线。

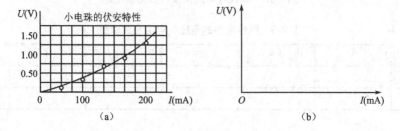

图 2-13　非线性电阻的伏安特性曲线

### 3. 电源的外特性

（1）根据图 2-14 连接实验电路。由于稳压电源的输出电压基本上不随负载电阻的变化而

变化，故串联一个电阻 $R_0$ 来模拟实际直流电源，在测量之前 $R_P$ 应置于最大值。

（2）取 $E=5V$，闭合开关 S，调节滑线电阻 $R_P$ 使毫安表的读数依次为 30mA，40mA，50mA，60mA，70mA，将电压表的读数记录在表 2-7 中。

（3）根据表 2-7 在图 2-15 上描绘电源的输出特性曲线。

表 2-7　电源外特性测量数据

| $I$（mA） | 30 | 40 | 50 | 60 | 70 |
|---|---|---|---|---|---|
| $U$（V） | | | | | |

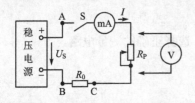 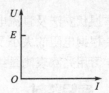

图 2-14　电源外特性测试电路　　　　　图 2-15　电源的外特性

### 2.4.5　实验研究

在图 2-10 所示的测量 $R_L$ 的伏安关系时，如何使测量准确度更高？

 **提示**

（1）测电压时，电流表不要接在电路中。

（2）测电流时，电压表不要接在电路中。

想一想，这是为什么？按照（1）和（2）的要求重做一遍实验。

在测量小灯珠的伏安特性时，如果我们所选择电流的测量范围很小，如 0～20mA，这时我们测出的各组电流、电压参数能描绘出小灯珠的非线性电阻的特性曲线吗？按照表 2-8 的要求再做一次小灯珠伏安特性曲线的测试与描绘。

表 2-8　小电珠发光电压下的伏安特性

| $E$（V） | 0 | 0.2 | 0.4 | 0.6 | 0.8 | 1 |
|---|---|---|---|---|---|---|
| $U$（V） | | | | | | |
| $I$（mA） | | | | | | |
| $R$（Ω） | | | | | | |

**思考题**

1. 小灯泡的电阻为什么会随电流的增加而变大？家用白炽灯冷态（没工作）电阻和热态（正常发光）电阻一样吗？

2. 照明输出线路的电阻为 $2r$（相线和零线电阻均为 $r$）。到晚上时，大多数人家都在用电（用电高峰），在供电不足的地区，常会发现白炽灯变暗，你能解释这是什么原因吗？

3. 由表 2-5、表 2-6 以及表 2-7 中的测量数据说明实验结论。

## 2.5　实验 3　电阻的测量

**预习**

（1）复习伏安法测电阻的原理。
（2）复习直流电桥测电阻的原理。
（3）阅读本节实验原理中的兆欧表的工作原理。

### 2.5.1　实验目的

（1）掌握伏安法及直流电桥测电阻的方法。
（2）会根据电阻的大小及对误差大小的要求，选择正确的测量电路。
（3）学习用兆欧表测量绝缘电阻。

### 2.5.2　实验器材

| | |
|---|---|
| （1）直流稳压电源 | 1 只 |
| （2）滑线式电桥 | 1 只 |
| （3）电阻箱 | 1 只 |
| （4）0～150Ω, 0～500Ω滑动变阻器 | 各 1 只 |
| （5）47Ω, 10Ω/0.5W, 3.3kΩ, 100Ω的电阻 | 各 1 只 |
| （6）电流计 | 1 只 |
| （7）直流电压表 | 1 只 |
| （8）直流电流表 | 1 只 |
| （9）兆欧表 | 1 只 |
| （10）三相异步电动机 | 1 台 |

### 2.5.3　实验原理

**1. 兆欧表的结构和工作原理**

图 2-16 是兆欧表的结构示意图。兆欧表主要由两只绕向相反的转动线圈、指针、转轴及手摇直流发电机等组成。它是测量电工设备及供电线路中绝缘电阻的专用仪表。绝缘电阻一般都在几十兆欧至几百兆欧。

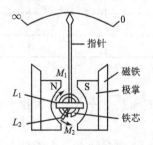

图 2-16　兆欧表的结构示意图

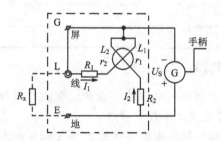

图 2-17　兆欧表的工作原理

由图 2-17 可看出，手柄静止时，通过线圈的电流 $I_1$, $I_2$ 为零，其电磁转矩 $M_1$, $M_2$ 为零，指针随机停在任意位置上。当接上被测电阻$R_x$，摇动直流发电机手柄，使转速逐渐上升至120r/min后，线圈$L_1$，$L_2$分别通过电流$I_1$，$I_2$，磁场与$I_1$，$I_2$的相互作用产生两个反向力矩$M_1$，$M_2$使线圈及指针偏转。$M_1$，$M_2$与电流$I_1$，$I_2$及线圈偏转角$\alpha$有关。可以证明

$$M_1 = I_1 F_1(\alpha)$$
$$M_2 = I_2 F_2(\alpha)$$

当$M_1 = M_2$时，线圈重新处于静平衡状态，指针指示在被测值上，此时

$$\frac{I_1}{I_2} = \frac{F_2(\alpha)}{F_1(\alpha)}$$

由图 2-17 我们还可得到

$$I_2 = \frac{E}{r_2 + R_2}$$
$$I_1 = \frac{E}{r_1 + R_1 + R_x}$$

当$R_x = 0$时（短路），$I_1$最大，指针偏转到最右端，指示值为"0"Ω。

当$R_x \to \infty$时（开路），$I_1 = 0$，在$I_2$的作用下，指针偏转到最左端，指示值为"∞"。

兆欧表内手摇发电机产生的额定电压有 500V, 1000V, 2000V, 5000V 等。测量时，要根据电工设备的绝缘耐压情况来选用。

### 2. 伏安法测电阻

当$R_x \gg R_A$时，应选用图 2-18，电压表外接。当$R_x \ll R_A$时，要选用图 2-19，电压表内接。详细原理请参考有关教材。

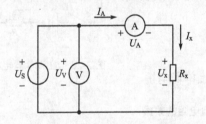

图 2-18 电压表外接电路图

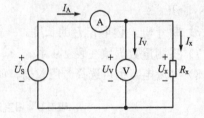

图 2-19 电压表内接电路图

### 3. 直流电桥测电阻

如图 2-20 所示，电桥平衡时，$R_x = \dfrac{l_2 R_0}{l_1}$，与电源的内阻无关。检流计及标准电阻的准确度越高，测量越准确，用直流电桥测量的电阻较伏安法测电阻要准确得多。通常对电阻误差要求不高的场合，可用伏安法测量；而对电阻测量误差要求较小时，要用直流电桥进行测量，在生产现场则常用万用表测电阻。测绝缘电阻要用兆欧表，而不能用万用表测量，原因是测绝缘电阻时，除了电阻的大小外，还要考虑到电工设备的绝缘耐压等级。

### 4. 电阻箱的使用方法

略，请读者参阅电阻箱的说明书。

### 2.5.4　实验步骤

**1. 用伏安法测电阻**

（1）$R_x \approx 10\Omega$，按图 2-19 连接好测量电路（在 $U_S$ 前串接开关 S）。

（2）合上 S，读取 $U$ 及 $I$。

（3）计算 $R_x$。

（4）若 $R_x$ 的实际值为 $10\Omega$，计算绝对误差与相对误差。

（5）$R_x \approx 3.3k\Omega$，按图 2-18 连接好测量电路（在 $U_S$ 前串接开关 S）。

（6）合上 S，读取 $U$ 及 $I$。

（7）计算 $R_x$。

（8）若 $R_x$ 的实际值为 $3.3k\Omega$，求测量的绝对误差与相对误差。

**2. 用直流单臂电桥测电阻**

按 $R_0 = 80\Omega$ 及 $120\Omega$ 时分两次完成下列操作过程。

（1）按图 2-20 连接好测量电路。其中 $R_x = 100\Omega$，第一次测量时在电阻箱上取 $R_x = 120\Omega$，第二次测量时 $R_0 = 80\Omega$。$R_P$ 为 $0\sim150\Omega$ 的可变电阻值，$r$ 为 $0\sim15\Omega$ 的可调电阻值。

（2）调节电阻器的阻值 $R_P$ 在较大的位置，$r$ 的阻值在较小的位置，滑动触头在 AC 的中值附近。

（3）闭合 $S_1$，$S_2$，调电桥平衡（检流计 G 的读数为零）。

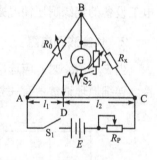

图 2-20　直流单臂电桥

（4）逐步减小变阻器 $R_P$ 的值，增大 AC 段的电压。AC 段的电压不宜过小，否则会增加测量误差；同时 AC 段的电压不能过高，以防电流过大，损坏电桥。

（5）逐步增大变阻器 $r$ 的阻值，移动触头 D 使电桥处于平衡，直至 $S_2$ 断开。

（6）断开 $S_1$，读取 $l_1$，$l_2$ 的长度。

（7）将测量数据填在表 2-9 中。

（8）测量电阻也可选择专用仪器，如 QJ23 型直流单臂电桥。

表 2-9　用直流单臂电桥测量电阻的数据

| 实验次数 | $R_0(\Omega)$ | $l_1$(mm) | $l_2$(mm) | $R_x(\Omega)$ | $R_x$ 的平均值 |
| --- | --- | --- | --- | --- | --- |
| 1 | 80 | | | | |
| 2 | 100 | | | | |

**3. 用兆欧表测绝缘电阻**

（1）按照图 2-21 连接好电路。（a）图用于测两导线或三相异步电动机两绕组间的绝缘电阻，（b）图用于测某一相导线或绕组对地的绝缘电阻。

（2）连接电路时，打开三相异步电动机的接线盒，用测量导线将仪表和电动机连接好，摇动手柄，使手柄转速达 120r/min 后匀速摇动，观察绝缘电阻，并做好记录。转动手柄后，不可用手触摸被测部位，以防被电击伤。

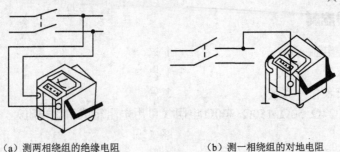

（a）测两相绕组的绝缘电阻　　　　（b）测一相绕组的对地电阻

图 2-21　兆欧表的接线法

### 2.5.5　实验研究

采用图 2-18，图 2-19 所示的电路测电阻总会有电流表的串联或电压表的并联效应而产生的误差。为了减小测量误差，可以通过选择适合的量程，具有较高准确度的仪表。要想用伏安法测量电阻并且得到较高的准确度，我们可以用图 2-22（a），（b）所示电路，分别测电阻的电压与电流。请自己想办法比较图 2-18，图 2-19 和图 2-22（a），（b）两种伏安法测电阻的相对误差。

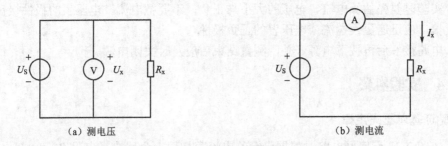

（a）测电压　　　　　　　　　　　　　　　（b）测电流

图 2-22　伏安法测电阻

在图 2-22 中可串接一个 $R_P$，请问 $R_P$ 有什么作用？

### 思考题

1. 试说明用伏安法测电阻时，产生误差的主要原因。
2. 在图 2-20 中，用滑线式直流电桥测电阻时，为什么要用两个变阻器 $R_0$ 和 $r$。

## 2.6　实验 4　验证基尔霍夫定律和叠加原理

### 预习

（1）复习基尔霍夫第一、第二定律和叠加原理。
（2）根据实验电路及实验器材预选电流表、电压表的规格。

### 2.6.1　实验目的

（1）验证基尔霍夫第一、第二定律和叠加原理。
（2）进一步掌握误差分析的方法。

### 2.6.2　实验器材

（1）双路稳压电源　　　　　　　　　　　　1只
（2）直流电压表　　　　　　　　　　　　　1只
（3）直流毫安表　　　　　　　　　　　　　3只
（4）6Ω，12Ω，24Ω，50Ω，150Ω，300Ω 电阻（可用电阻箱或滑动电阻）
　　　　　　　　　　　　　　　　　　　　各1只
（5）单刀双掷开关　　　　　　　　　　　　2只

### 2.6.3　实验原理

（1）基尔霍夫第一、第二定律的内容分别是 $\sum I = 0$ 及 $\sum U = 0$，即在电路任一节点上的电流代数和等于零，沿任一闭合回路绕行一周，其电压代数和等于零。

（2）叠加原理告诉我们，在线性电路中，同时有多个电源作用时，各支路的电流与电压分别等于各电源单独作用时的电流与电压的代数和。一个电源工作，其余电源不工作，指的是电流源开路，电压源短路（但保留内阻）。

（3）实验时要先估算电流、电压的大小与正负，不要把电流、电压表的极性接反。若发现指针反偏，应迅速更换电流或电压表的正负极性。

（4）电路接好后再按下电源开关，测量结束后应及时关闭电源。

### 2.6.4　实验步骤

**1.　验证基尔霍夫定律**

（1）按图2-23连接好电路，根据已给的电流表量程，合理选择电阻 $R_1, R_2, R_3$。

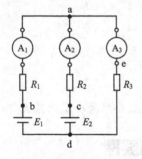 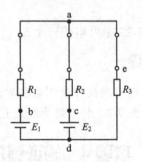

图2-23　验证基尔霍夫第一定律的实验电路　　　图2-24　验证基尔霍夫第二定律的实验电路

（2）调双路稳压电源，使 $E_1 = 21\text{V}$，$E_2 = 10.5\text{V}$（按下电源开关前，先调旋钮至输出电源电压最小处），读取 $A_1, A_2, A_3$ 的电流（$A_1, A_2, A_3$ 的极性不能接反），填在表2-10中，并说明基尔霍夫第一定律的正确性。

（3）如图2-24所示，用短路线代替电流表 $A_1, A_2, A_3$，根据电压表的量程，合理选择电阻 $R_1, R_2, R_3$。

（4）接通电源，用电压表测量 $U_{ab}, U_{bc}, U_{ca}, U_{bd}, U_{da}$，将测量数据填在表2-11中。

（5）验证基尔霍夫第二定律。

表 2-10 验证基尔霍夫第一定律的实验数据

| $I_1$(mA) | $I_2$(mA) | $I_3$(mA) | a 点的 $\sum I$ |
|---|---|---|---|
|  |  |  |  |

表 2-11 验证基尔霍夫第二定律实验数据

| $U_{ab}(V)$ | $U_{cd}(V)$ | $U_{ca}(V)$ | $U_{bd}(V)$ | $U_{de}(V)$ | $U_{ac}(V)$ | $U_{de}(V)$ |
|---|---|---|---|---|---|---|
|  |  |  |  |  |  |  |

第一个回路：

$$\sum U = U_{ab} + U_{bd} + U_{de} + U_{ca}$$

第二个回路：

$$\sum U = U_{ac} + U_{cd} + U_{de}$$

 **注意**

（1）要正确选用电压表的量程。

（2）测量时若发现表针反偏，应立即更换表笔的正、负极性。

**2. 验证叠加原理**

（1）按图 2-25 连接好实验电路，根据电流表的量程和电动势 $E_1$，$E_2$ 的大小合理选择电阻 $R_1$，$R_2$，$R_3$。

（2）$S_1$，$S_2$ 掷向 2，3，读取 $E_1$ 单独作用时的 $I_1'$，$I_2'$，$I_3'$，将读数填入表 2-12 中。

（3）将 $S_1$，$S_2$ 掷向 1，4，读取 $E_2$ 单独作用时的 $I_1''$，$I_2''$，$I_3''$，将读数填入表 2-12 中。

（4）将 $S_1$，$S_2$ 掷向 2，4，读取 $E_1$、$E_2$ 共同作用时的 $I_1$，$I_2$，$I_3$。

（5）分析测量数据，验证叠加原理。

表 2-12 验证叠加原理的实验数据

| $I_1'$ | $I_1''$ | $I_1' + I_1''$ | $I_2'$ | $I_2''$ | $I_2' + I_2''$ | $I_3'$ | $I_3''$ | $I_3' + I_3''$ | $I_1$ | $I_2$ | $I_3$ |
|---|---|---|---|---|---|---|---|---|---|---|---|
|  |  |  |  |  |  |  |  |  |  |  |  |

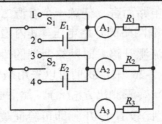

图 2-25 验证叠加原理的实验电路

## 2.6.5 实验研究

（1）计算图 2-23、图 2-24 及图 2-25 中的实际电流、电压，与表 2-10、表 2-11、表 2-12 中的测量值进行比较。说明理论值与实际测量值出现差异的原因。

（2）验证结果应是 $\sum I \approx 0$，$\sum U \approx 0$ 及 $I_1 \approx I_1' + I_1''$，$I_2 \approx I_2' + I_2''$，$I_3 \approx I_3' + I_3''$。试分析验证结果是 "≈" 而不是 "="？测量结果可能误差较大。想一想怎样减小测量误差。按自己的设想做一做，看看误差是否减小了。

**思考题**

1. 表 2-10，表 2-11，表 2-12 的测量数据说明了什么？

2. 将表 2-10，表 2-12 中的支路电流 $I_3$ 的值作为电流的真实值，与间接测量值进行比较，计算 $I_3$ 的相对误差并分析误差产生的可能原因。

## 2.7　实验 5　验证戴维南定理

**预习**

（1）戴维南定理的内容。

（2）负载获得最大功率的条件。

### 2.7.1　实验目的

（1）验证戴维南定理。

（2）验证负载获得最大功率的条件。

### 2.7.2　实验器材

| | |
|---|---|
| （1）双路直流稳压电源 | 1 只 |
| （2）毫安表 | 1 只 |
| （3）伏特表 | 1 只 |
| （4）电阻箱 | 1 只 |
| （5）5Ω，100Ω 电阻 | 各 2 只 |
| （6）万用表 | 1 只 |

### 2.7.3　实验原理

戴维南定理告诉我们：对外电路而言，任意一个有源二端线性网络都可以用一个电源来代替，该电源的电动势 $E_0$ 等于二端网络的开路电压，其内阻 $r_0$ 等于二端网络内所有电源不作用（电压源短路，保留内阻，电流源开路）时网络两端的输入电阻。

为了验证戴维南定理，在图 2-26 中，我们可以先用毫安表测出 $I_L$，然后将其开路，测出 $U_{AB}(E_0)$，将 $E_1$，$E_2$ 短路，用欧姆表测出 $R_{AB}(r_0)$，然后画出戴维南等效电路，如图 2-27 所示。根据图 2-27 再次测量 $I_L'$，比较 $I_L$ 与 $I_L'$，即可验证戴维南定理及在实际电路中应用的正确性。

当负载电阻 $R_L$ 等于电源内阻 $r_0$ 时负载获得最大功率，且 $P_{\max} = \dfrac{U_{AB}^2}{4R_L} = \dfrac{E_0^2}{4r_0}$。根据这一特点，我们可以改变 $R_L$，测出对应的 $I_L$ 与 $U_L$，计算出 $P_L$，验证是否当 $R_L = r_0$ 时，$P_L$ 最大。

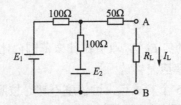

图 2-26　验证戴维南定理实验电路

### 2.7.4　实验步骤

（1）按图 2-26 连接好电路，断开 $R_L$（将负载开路）。

（2）用电压表测量开路 $U_{AB}$，并将测量值填入表 2-13 中。

（3）如图 2-28 所示，将毫安表接在 A, B 两点间，测量 $I_{AB}$，将测量值填入表 2-13 中。

表 2-13　戴维南定理实验数据

| $U_{AB}(V)$ | $I_{AB}(mA)$ | $r_0$（计算值Ω） | $R_{AB}$（测量值Ω） |
|---|---|---|---|
|  |  |  |  |

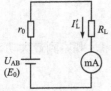

图 2-27　戴维南等效电路

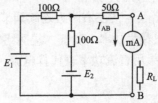

图 2-28　测负载电流的电路

（4）计算 $r_0 = U_{AB} / I_{AB}$。

（5）把 $E_1, E_2$ 短路，用欧姆表测 $R_{AB}$。将计算值 $r_0$ 与测量值 $R_{AB}$ 填入表 2-13 中，然后比较它们的大小，验证戴维南定理，说明误差产生的原因。

（6）在图 2-28 中，将 $R_L$ 接入 A, B 两点之间，用毫安表测出 $I_L$。

（7）根据图 2-27，用毫安表测出 $I'_L$ 并与图 2-26 中的 $I_L$ 比较，说明戴维南定理在应用中的正确性。

（8）验证有源二端网络输出最大功率的条件。在图 2-27 中用计算值 $r_0 = U_{AB} / I_{AB}$ 作为有源二端网络的等效电阻，分别通过电阻箱获取 $R_L = 0.1r_0, 0.5r_0, r_0, 0.5r_0, 2r_0$。然后测出与之对应的 $I_L$ 与 $U_L$，填入表 2-14 中。与此同时，计算出对应有 $P_L$，说明负载获得最大功率的条件。

表 2-14　负载功率的测试数据

| $R_L$ | $0.1r_0$ | $0.5r_0$ | $r_0$ | $1.5r_0$ | $2r_0$ |
|---|---|---|---|---|---|
| $I_L(mA)$ |  |  |  |  |  |
| $U_L(V)$ |  |  |  |  |  |
| $P_L(W)$ |  |  |  |  |  |

### 2.7.5　实验研究

（1）在图 2-26 中，电源电动势 $E_1$，$E_2$ 取值在什么范围内比较合适？如果电路中的总电流为100mA，此时电阻的额定功率应怎样选。

（2）在表 2-14 中，只取了 5 个测试点，可信度不够。按照图 2-29 再来验证一次 $R_L$ 获得最大功率的条件（$E_0$，$r_0$ 应该用图 2-28 中的二端网络 AB，而不是 $r_0$ 与 $E_0$ 直接串联）。

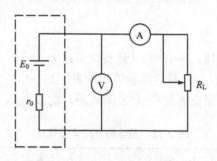

图 2-29　测负载电流的电路

① 取 $R_L = r_0$。

② 在 $R_L = r_0$ 的左右附近连续调节大小，并计算功率 $P_L$。

③ 找出最大功率，验证二端网络输出最大功率的条件。

（3）如果用直流功率表代替电流、电压表，可直接读出功率，观察到最大功率的值，不妨一试。

### 思考题

1. 用实验数据说明戴维南定理的正确性，简要说明验证过程中误差产生的原因。
2. 线性有源二端网络输出最大功率的条件是什么？

## 2.8　实验6　电阻性电路的故障检查

### 预习

（1）电路出现断路、短路故障的特点。

（2）阅读本节内容。

### 2.8.1　实验目的

（1）了解电阻性电路的故障种类及产生原因。

（2）学会用万用表测电位、测电阻的方法排查故障。

### 2.8.2　实验器材

（1）直流稳压电源　　　　　　　　　　　　　　　　1 只

（2）万用表　　　　　　　　　　　　　　　　　　　1 只

（3）470Ω，200Ω，100Ω，50Ω电阻　　　　　　　　各 1 只

### 2.8.3　实验原理

#### 1. 电阻性电路故障的种类与故障现象

电阻性电路故障的常见种类是断路（包括接触不良）及短路。断路故障的表现为断路处的电流为零，被断路元件上的电压为零。接触不良的表现为电流表或电压表的指针在电路参数不变的情况下，经常摆动，在遇震动时表现尤为明显。短路故障表现为被短路元件的电压为零，电流明显变大，严重时会烧坏电器元件或设备。特别要注意的是，电气设备中的晶体管、集成电路，遇有过载电流时很容易烧坏。因此，在实验过程中要严谨、认真，熟悉仪器、仪表的使用方法，尽量避免短路故障。当有短路故障发生后，应立即关闭电源，待排查故障后才能重新接通电源进行实验。

#### 2. 电阻性电路故障产生的原因

断路的原因有：

（1）经常使用导线的连接处出现脱焊或断裂；

（2）压紧螺钉松动，经碰撞使连接导线脱落；

（3）电源开关忘记闭合；

（4）由于过载，熔断丝熔断。

接触不良的原因有：

（1）压紧螺钉松动；

（2）经常使用使得压紧螺钉出现滑丝；

（3）可调电阻接触不良。

短路的原因主要是接线错误。如图 2-30 中的 $R_4$ 为例，$R_4$ 的一端接到 $R_2$ 的 f 点，$R_2$ 的另一端是 c 点，当 $R_2$ 的 c 点再连接到 $R_4$ 的 e（f）点后，$R_2, R_3, R_4$ 就全被短路了。短路也可能是导线裸露部分不小心相碰而引起的，还有可能是电器元件被击穿。这些短路情况在实验时只要注意是完全可以避免或被及时排除的。

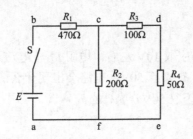

图 2-30　判别电阻性电路的故障测量电路

### 2.8.4　实验步骤

#### 1. 用测电压的方法检查短路、断路故障

（1）按图 2-30 测出 $U_{cf}, U_{cd}, U_{de}$，将测量值填入表 2-15 中。

（2）将 c, e 两点用短路线连接，重复步骤（1）。

（3）将 $R_3$ 与 c 点断开，重复步骤（1）。

### 2. 用测电阻的方法检测短路、断路故障

把图 2-30 中的电源 $E$ 断开，按如下步骤操作。

（1）测量 $R_{ab}$，$R_{cf}$，$R_{cd}$，$R_{de}$，将测量值填入表 2-16 中。

（2）将 c，f 短路重复步骤（1）。

（3）将 $R_3$ 与 c 点断开，重复步骤（1）。

表 2-15  短路、断路故障的电压测量数据

| 电路状态 | 被 测 电 压（V） | | |
|---|---|---|---|
| | $U_{cf}$ | $U_{cd}$ | $U_{de}$ |
| 正　常 | | | |
| 短路故障 | | | |
| 断路故障 | | | |

表 2-16  短路、断路故障的电阻测量数据

| 电路状态 | 被 测 电 阻（Ω） | | | |
|---|---|---|---|---|
| | $R_{ab}$ | $R_{cf}$ | $R_{cd}$ | $R_{de}$ |
| 正　常 | | | | |
| 短路故障 | | | | |
| 断路故障 | | | | |

 **注意**

（1）用万用表测量电阻电压时，量程应选正确。

（2）用电压法检测电路的故障，在测量时接通电源，测量结束后应立即断开电源。

（3）用电阻法检测电路故障时，必须断开电源。

### 2.8.5  实验研究

在图 2-30 中，电源电动势应取 10V 左右，电阻 $R_1 \sim R_4$ 应选 0.5W 以上的"功率电阻"，以防电流过大烧坏电阻。如果 $E$ 取了 50V，电路会出现什么情况？如果电阻 $R_1 \sim R_4$ 分别取 470Ω，200Ω，100Ω，50Ω，$E$ 能否取 50V？为什么？

### 思考题

1. 通过以上实验，请谈一下判别短路与断路故障的体会。

2. 在图 2-30 中，$R_3$ 在 c 点断路，为什么会有 $U_{cd} = U_{df}$？

3. 怎样检查家用的白炽灯灯丝断路故障？当灯丝断路后，让灯丝重新搭碰上，再接通电源会出现什么现象？后果如何？

# 第3章 正弦交流电路实验

交流电路的实验，研究的是交流元件的频率特性，单相、三相交流电路的电流、电压、功率、功率因数等。通过本章的实验，要求掌握日光灯电路的安装、检修，掌握三相交流电路功率的测量方法。通过本章的学习，还要求读者掌握实验室常用仪表的使用，如示波器、毫伏表、信号发生器等。

## 3.1 交流电压表、电流表

测量交流电流与电压及功率时，常用的有电磁系仪表与电动系仪表，本节介绍的内容是电磁系仪表的结构与工作原理。

### 3.1.1 电磁系仪表的结构和工作原理

电磁系仪表根据其工作原理可分为吸引型与排斥型两类。

#### 1. 吸引型测量机构的结构与工作原理

吸引型测量机构的结构如图 3-1 所示。

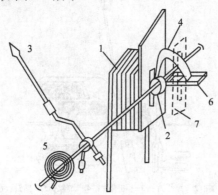

1—线圈；2—动铁芯；3—指针；4—扇形铝片；5—游丝；6—永久磁铁；7—磁屏

图 3-1　吸引型测量机构的结构

根据图 3-1 所示，我们来分析它的工作原理。当电流通过线圈 1 时，线圈中就会产生磁场，动铁芯被线圈磁场磁化后，产生一个与线圈磁场反向的磁场，它们相互吸引，从而使动铁芯带动指针一起偏转。游丝 5 的作用是产生一个反作用力矩与转动力矩相平衡。扇形铝片与永久磁铁 6 的作用是产生一个阻尼力矩，使指针迅速停止在平衡的位置上。磁屏的作用是防止永久磁铁对线圈磁场的影响。

当流过线圈的电流反向时，动铁芯的磁场也跟着改变方向，保持相互吸引，使指针的指示方向不变。

转动力矩的大小和线圈的磁感应强度与线圈的电流乘积成正比，线圈的磁感应强度又与线圈的电流成正比，所以线圈的转动力矩可表示为：

$$M = KI^2$$

式中，$K$ 为比例系数，设游丝的弹性系数为 $D$，指针的偏转角为 $\alpha$，则游丝的反作用力矩可表示为

$$M_\alpha = D\alpha$$

当以上两力矩平衡时

$$M = M_\alpha$$

可以得到指针的偏转角为

$$\alpha = \frac{K}{D}I^2 = K'I^2$$

从以上分析可以得到：

（1）指针的偏转角与 $I^2$ 成正比，所以电磁系仪表的刻度是不均匀的；

（2）由于线圈的磁场与铁片的磁场总保持互相吸引，不受电流方向改变的影响，所以电磁系仪表既可以测交流量，又可以测直流量。

**2. 排斥型测量机构的结构与工作原理**

排斥型测量机构的结构如图 3-2 所示。

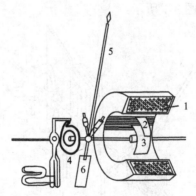

1—线圈；2—定铁片；3—动铁片；4—游丝；5—指针；6—阻尼片

图 3-2　排斥型测量机构的结构

根据图 3-2，我们可以分析得到排斥型电磁系仪表的工作原理。当线圈通过电流后，线圈中就会产生磁场，在该磁场的作用下，定、动铁片会被磁化，产生两个极性相同的磁场，定、动铁片这两个磁场相互排斥，从而产生转动力矩，使指针偏转。游丝的作用是产生反作用力矩，与转动力矩相平衡。阻尼片的作用是产生阻尼力矩，使指针迅速停止在平衡位置上。

排斥型电磁系仪表的指针偏转角也与 $I^2$ 成正比，也可以测量交流与直流。

### 3.1.2　电磁系电流表

用电磁系测量机构既可以测量电流，也可以测量电压。测量电流时只要把固定线圈串联在电路中。由于测量电流不经过游丝与可动部分，所以它可以测量较大的电流（量程可达300A）。

双量程的电流表可用两个相同的固定线圈，用金属连接片来改变线圈的串联或并联。串联时量程为 $I$，并联时量程则为 $2I$，其原理由图3-3可以清楚地看出。

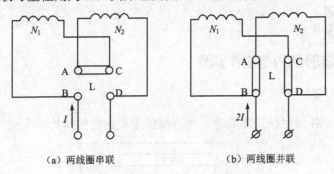

(a) 两线圈串联　　　　　　　(b) 两线圈并联

图3-3　双量程电磁系电流表原理电路

### 3.1.3　电磁系电压表

电磁系测量机构与分压电阻串联，就可制成电磁系电压表。当频率为 $f$ 时，线圈的感抗为 $X_L$，表头的阻抗为 $Z = \sqrt{X_L^2 + R^2}$，通过表头的电流 $I = U/Z$。显然，表针的偏转角与 $I^2$ 成正比，即与 $U^2$ 成正比。

通过电磁系仪表线圈的电流与频率有关，因此，电磁系电压表要在规定的频率下工作，否则测量误差会较大。多量程的电磁系电压表采用串接不同的分压电阻来实现。

**思考题**

1.　一只0.5级、150V的电磁系电压表，工作频率为45～55Hz。用它测100V/5000Hz的正弦电压，电压表的指示值是大于100V还是小于100V？为什么？

2.　比较磁电系、电磁系仪表扩大量程的方法有何异同？

## 3.2　实验 7　电子示波器的原理及示波器、信号发生器、毫伏表的使用

示波器是一种用途广泛的电子仪器，它可以显示被测信号的波形、被测量的大小、被测量的频率与相位。

**预习**

(1) 阅读本节内容。

(2) V/div, t/div 表示什么意义？

(3) 怎样用双踪示波器测量两交流电的相位差？

### 3.2.1 实验目的

（1）了解示波器的工作原理。

（2）学会信号发生器的使用。

（3）会用示波器测电压的幅值和周期。

### 3.2.2 实验器材

（1）电子示波器　　　　　1台

（2）低频信号发生器　　　1台

### 3.2.3 示波器的结构与工作原理

**1. 示波器的结构**

我们根据示波器各部件的工作原理，用方框图来表示它的结构，其结构如图 3-4 所示。

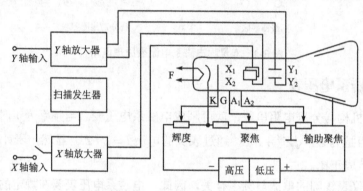

图 3-4　示波器方框图

（1）示波器。示波器是显示被测量的波形、大小、相位的部件。在图 3-4 中，各文字符号的名称与作用如下。

F—灯丝，起加热作用。

K—阴极，它的作用是被灯丝加热后发射大量的电子。

G—控制栅极，当电子经过控制栅极的小孔后，被集成一束。

$A_1$，$A_2$—第一、第二阳极，它的作用是加速、聚集电子束，轰击荧光屏上的荧光粉，使其发光而显示出被测波形。

$X_1$，$X_2$，$Y_1$，$Y_2$ 分别是水平偏转板与垂直偏转板。当电子束通过偏转板时，在偏转板的电场力作用下，发生水平和垂直位移，从而在荧光屏显示被测波形的变化规律。

辉度旋钮可用来调节信号亮度，聚集；辅助聚集旋钮可用于调节波形的粗细。

（2）$Y$ 轴放大器。$Y$ 轴放大器的作用是放大或衰减 $Y$ 轴的输入信号，它可用面板上的"$Y$ 轴增益"、"$Y$ 轴衰减"旋钮来调节。

（3）$X$ 轴放大器。$X$ 轴放大器的作用是放大或衰减 $X$ 轴的输入信号，它可用"$X$ 轴增益"、"$X$ 轴衰减"旋钮来调节。

（4）扫描信号发生器。扫描信号发生器的作用是产生与时间成线性关系的周期性锯齿波电压，作为 $X$ 轴的扫描电压，其频率可以通过面板上的"扫描范围"及"扫描微调"旋钮来调节。

### 2. 示波器的工作原理

对于输入信号，如果只加 $Y$ 轴输入信号而不加 $X$ 轴输入信号，荧光屏上将只显示一条垂直信号，而只加 $X$ 轴输入信号，不加 $Y$ 轴输入信号，荧光屏上将只显示一条水平信号线。只有在 $Y$ 轴上加输入信号，在 $X$ 轴上加同步扫描信号时，荧光屏上才会显示被测信号的波形。如果扫描信号与 $Y$ 轴输入信号（被测信号）同频，荧光屏上将显示出一个完整的波形。如果扫描信号的频率是输入信号频率的 $n$ 倍（$n$ 为整数），荧光屏上则显示 $n$ 个周期稳定的波形。当扫描信号的频率不是输入信号频率的整数倍时，示波器上得不到稳定的波形；要想得到稳定的波形，可在示波器的面板上调节扫描微调。

## 3.2.4　实验步骤

选 ST—16 型示波器（或 SR—8 型双踪示波器），其面板示意图如图 3-5 所示。

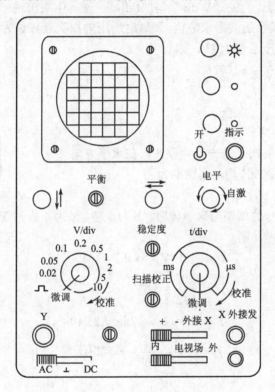

图 3-5　ST—16 型示波器面板示意图

### 1. 测量前的准备工作

（1）检查仪器额定电压与工作电压是否相符。

（2）将辉度旋钮调到较小位置，接通电源，适当预热。

（3）将示波器面板上的旋钮按表 3-1 调好。

（4）调节"辉度"旋钮，使屏幕上出现一条亮度适中的水平扫描基线。调"⇄"和"↓↑"，使基线在屏幕中央。

（5）调"聚集"与"辅助聚集"旋钮，使基线变得细而清晰。

表 3-1  示波器操作方法

| 旋钮 | ↕ | ⇄ | t/div | V/div |
|------|------|------|------|------|
| 位置 | 居中 | 居中 | 2ms | 0.02～1.0 |
| 旋钮 | 电平 | AC, ⊥ , DC | 触发信号 | +,−, 外接X |
| 位置 | 自动 | ⊥ | 内 | + |

### 2. 测量信号的幅值与周期

（1）按图 3-6 连接好示波器与信号发生器。

（2）将 "V/div" 置于 "⊓" 方波位置。

（3）调 "电平" 旋钮使方波稳定并置于屏幕中央。调 "增益校准" 和 "扫描校准" 旋钮，垂直幅度为 5div（格），水平轴上周期宽度为 10div。其余旋钮如表 3-1 所示。

（4）选示波器 "AC⊥DC" 旋钮至 "AC" 交流处，接通信号发生器电源，选择频率为 50Hz，电压为 3V。选择适当的 "V/div" 与 "t/div"，使屏中央出现一稳定的正弦波形。

（5）根据示波器所显示的波形求幅值。测试时所用的探头衰减量为 10 倍。若峰-峰值 $U_{P-P}$ 之间有 $Y$ 格，每格的电压示值为 $U_0$，则

$$U_{P-P} = 10YU_0$$

有效值为

$$U = \frac{U_{P-P}}{2\sqrt{2}}$$

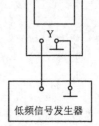

（6）求被测信号的周期。若一个完整波形在水平方向占有 $X$ 格，每格代表的时间为 $t$，则频率为

$$f = 1/T$$

图 3-6  信号发生器与示波器的连接

例如，在测量某信号的周期与有效值时，$Y$ 为 5 格，$X$ 为 4 格，"V/div" 选在 "0.2V/div"，"t/div" 选在 "0.5ms/div"，则

$$U_{P-P} = 10V \times 5 \times 0.2 = 10V$$

$$U = \frac{10V}{2\sqrt{2}} \approx 3.5V$$

$$T = 4ms \times 0.5 = 2ms = 2 \times 10^{-3}s$$

$$f = \frac{1}{T} = \frac{1}{2 \times 10^{-3}s} = 500Hz$$

### 思考题

1. 用示波器所测的周期、有效值与信号发生器的输出值进行比较。设信号发生器的输出值为准确值，求 $T$ 与 $U$ 的相对误差。

2. 某交流信号的频率约为 1kHz，有效值约为 2.5V，怎样用示波器观察它的波形？

## 阅读材料

### SR—8 型双踪示波器

常用的示波器除了 ST—16 型、458 型教学示波器外，现在较新且常用的示波器是 SR—8 型双踪示波器。

SR—8 型双踪示波器是一种晶体管式小型示波器,它除了有普通示波器的测试功能外,还具有对两个信号进行对比(周期、幅值、相位等)、叠加等功能。

SR—8 型双踪示波器有两个 $Y$ 轴输入端,根据信号的频率及测试要求可组成五种工作状态。

(1)"$Y_A$"工作状态,$Y_A$ 通道工作,作单踪显示,$Y_B$ 通道不管有无输入均被阻塞。

(2)"$Y_B$"工作状态,$Y_B$ 通道工作,作单踪显示,$Y_A$ 通道被阻塞。

(3)"交替"工作状态,电子开关使 $Y_A$,$Y_B$ 通道轮流导通,用于信号频率较高时的双踪显示。

(4)"断续"工作状态,用低频信号的双踪显示。

(5)"$Y_A+Y_B$"工作状态,示波器显示的是两个信号叠加后的波形。

SR—8 型示波器的面板示意图如图 3-7 所示,各主要旋钮的作用如下:

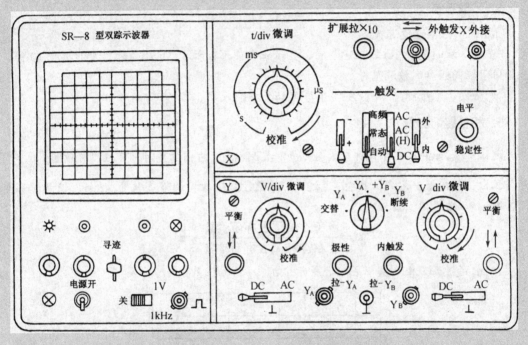

图 3-7　SR—8 型双踪示波器面板图

## 1. 显示部分

"▢ ◎◉"三个符号分别表示辉度、聚集、辅助聚集,波形不清晰时,可调这三个旋钮。

"⊗"为屏幕标尺亮度旋钮。

"寻迹按钮"可帮助寻找偏离显示屏的光点或光迹。

## 2. 触发系统

"内、外":触发信号源选择开关;内:信号取自机内 $Y$ 轴通道被测信号;外:取自机外信号。

"+,−":触发极性选择开关;可选择触发信号的上升或下降部分,对扫描进行触发控制。

"AC,AC(H),DC":AC 为交流触发,AC(H)为高频信号触发,DC 为直流信号触发。

"高频、常态、自动":信号频率高时,选高频位置,频率低时置自动位置,一般情况选常态位置。

"稳定性":调波形同步(稳定)。

"电平"：选择波形触发点的旋钮，通过调节触发信号幅度使波形稳定。

### 3. Y轴系统

"DC ⊥ AC"：输入端耦合方式选择开关。

"V/div 微调"：垂直灵敏度调节表示"10毫伏/格～20伏/格"分挡选用。

"极性，拉—$Y_B$"：不拉—$Y_B$波形正常。拉出—$Y_B$时，波形倒相。

"内触发，拉—$Y_B$"：不拉—$Y_B$时，作双踪显示，但不能比较时间。拉出—$Y_B$时，触发信号取自$Y_B$通道的输入信号，可比较双踪信号的时间与相位差。

"↑↓"：调波形的垂直位移。

"波形显示"：有交替、断续、$Y_A$、$Y_B$、$Y_A+Y_B$等五种。

### 4. X轴系统

"t/div"：扫描速度选择。

"扩展、拉×10"：不拉"×10"时，显示正常波形；拉出"×10"时，波形扩展10倍，一般用于较高频率的被测信号。

"外触发、X外接"：外触发信号与X轴外接输入端。

### 5. 相位差的测量

设$u_1 = U_m \sin(\omega t + \frac{1}{3})$，$u_2 = U_m \sin \omega t$，要测$u_1$，$u_2$的相位差时，可把"内触发，拉$Y_B$"开关拉出，取内触发方式。$u_1$，$u_2$通过$Y_A$，$Y_B$两插座输入，调节灵敏度V/div，使两波形等幅，则$u_1$和$u_2$的相位差为

$$\varphi = \frac{\varphi 在 X 轴上占有的格数}{\pi 在 X 轴上占有的格数} \times \pi$$

$u_1$，$u_2$的波形及相位差如图3-8所示，$u_1$，$u_2$的相位差为$\pi/3$。

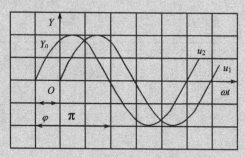

图3-8　双踪示波器测试的波形

## 信号发生器的使用

信号发生器是一种频率可以调节的交流信号发生器，它可以产生正弦、方波、锯齿波及脉冲等交流信号。如图3-9所示，XD2型信号发生器是正弦交流信号发生器，面板功能及操作方法如下。

（1）接通电源：输出细调旋钮应递时针旋转到底，然后接通电源，少许预热后即可工作。

（2）频率调节：先调频率范围，再调频率调节，调出所需的频率。

例如调382Hz的频率，可在频率范围内选调至100Hz，在频率调节的三个倍乘旋钮分别选"×1"挡为3，"×0.1"挡为8，"×0.01"挡为2，信号发生器即可输出382Hz的正弦

交流电压。

（3）输出电压调节：输出衰减旋钮调至"0"，通过输出细调旋钮可调得0～5V的输出电压。

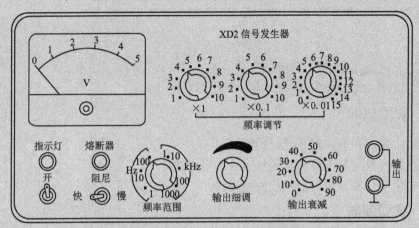

图3-9　XD2型信号发生器面板图

若要较小的输出信号可调输出衰减。输出衰减旋钮所指的值为分贝值，输出衰减倍数的对数值倍乘20后即是分贝值。

常用的衰减倍数与分贝值关系如表3-2所示。

表3-2　衰减倍数与分贝值

| 衰减倍数 | 1 | 2 | 10 | 100 | 1000 |
|---|---|---|---|---|---|
| 分贝值（dB） | 0 | 6 | 20 | 40 | 60 |

## 晶体管毫伏表

晶体管毫伏表是用来测正弦电压有效值的仪表。图3-10是DA16—1型晶体管毫伏表面板图，其操作使用方法如下。

（1）根据电源种类选择电源开关为交流220V/50Hz或直流24V。

（2）接通电源前，先进行机械调零。

（3）接通电源，将输入端短路进行电器调零，预热后再进行测量。

（4）估计被测电压，选择合适的量程。

（5）测小信号时，要远离其他信号。

（6）测量间隙，应将输出端短路。

（7）测市电时，外壳必须接地，电缆芯线接电源相线，注意操作安全。

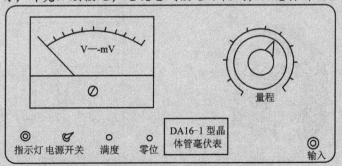

图3-10　DA16—1型晶体管毫伏表面板图

## 3.3　实验8　交流元件电压与电流关系的测试

**预习**

（1）复习感抗 $X_L$、容抗 $X_C$ 与频率 $f$ 的关系。

（2）复习 RLC 串联电路总电压与各元件上电压的关系。

### 3.3.1　实验目的

（1）通过实验认识频率对 $X_C,X_L$ 的影响。

（2）掌握信号发生器及晶体管毫伏表的使用方法。

（3）测定空芯线圈及电容器的伏安特性。

### 3.3.2　实验器材

（1）正弦信号发生器　　　　　　　　　　　　　　1 台

（2）单相调压器　　　　　　　　　　　　　　　　1 台

（3）晶体管毫伏表　　　　　　　　　　　　　　　1 台

（4）数字万用表　　　　　　　　　　　　　　　　1 只

（5）交流电流表　　　　　　　　　　　　　　　　1 只

（6）电阻器　　　　　　　　　　　　　　　2 只，$R=1\mathrm{k}\Omega$

（7）电容器　　　　　　　　　　　　1 只，$C=1\mu\mathrm{F}/12\mathrm{V}$

（8）空芯线圈和铁芯线圈　　　　各 1 只，$L$（空芯）=0.1H

（9）电位器　　　　　　　　　　　　　　　1 只，470Ω

### 3.3.3　实验原理

（1）理想电阻元件的 $R=U/I$，$U_R$ 与 $i$ 同相，$R$ 与频率 $f$ 无关。

（2）理想电感元件的感抗 $X_L=\dfrac{U_L}{I}=2\pi fL$，$u_L$ 超前电流 $\dfrac{\pi}{2}$，$X_L$ 与频率 $f$ 成正比。

（3）理想电容元件的容抗 $X_C=\dfrac{U_C}{I}=\dfrac{1}{2\pi fC}$，$u_C$ 滞后电流 $\dfrac{\pi}{2}$，$X_C$ 与频率 $f$ 成反比。

　　（4）单相调压器的使用。单相调压器也叫自耦变压器，它是用来调节和变换电压的常用设备，其结构如图 3-11 所示。图 3-11（a）为调压器结构，（b）图是原理图，输入有 110V 与 220V 两挡，输出从 0～250V 连续可调。

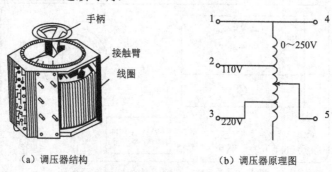

（a）调压器结构　　　　　　　　　（b）调压器原理图

图 3-11　单相调压器

使用单相调压器时，原副绕组不能接错，接线端"1"接中性线，"2"或"3"接相线，接入电源前手柄应调至零位，通电后，慢慢调至所需的电压，实验完成后手柄再调至零，然后再关闭电源。

### 3.3.4　实验步骤

**1. 测量元件的频率特性**

（1）按图 3-12 接好实验电路，保持信号发生器输出电压 3V 不变，按表 3-3 调节输出频率 $f$。读出电流表的读数，将测量数据填入表 3-3 中。

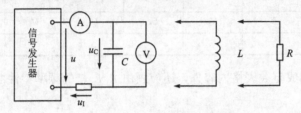

图 3-12　交流元件频率特性实验电路

（2）分别用电感 $L$、电阻 $R$ 替代电容 $C$，重做上面的实验。

（3）写出实验结论。

表 3-3　交流元件的频率特性实验数据

| 参数　　信号源频率 $f$（Hz） | 50 | 100 | 200 | 300 | 500 | $1 \times 10^3$ | $2 \times 10^3$ | $10 \times 10^3$ |
|---|---|---|---|---|---|---|---|---|
| $U_C$ | | | | | | | | |
| $I_C$ | | | | | | | | |
| $X_C = U_C/I$ | | | | | | | | |
| $U_L$ | | | | | | | | |
| $I_L$ | | | | | | | | |
| $X_L = U_L/I$ | | | | | | | | |
| $U_R$ | | | | | | | | |
| $I_R$ | | | | | | | | |
| $R = U_R/I$ | | | | | | | | |

**2. 线圈伏安特性的测定**

（1）按图 3-13（a）连接好实验电路。

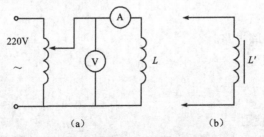

（a）　　　　　　　　　　（b）

图 3-13　线圈的伏安特性测试电路

（2）调压器输出电压由"0"开始，按表3-4调出8组电压，并读出电压、电流表的读数（电流、电压均不能大于线圈的额定电流和额定电压），填入表3-4中。

（3）用（b）图中的铁芯线圈 $L'$ 替代（a）图中的线圈 $L$，重做上面的实验。逐渐增加调压器输出电压，观察电流的变化，当电流突然增大很多时，对应的电压为最大输出电压 $U_{\max}$，然后逐步调低电压，将电流表、电压表的读数填于表3-4中。

表 3-4　线圈伏安特性实验数据

| $U_L$ | $U_1$ | $U_2$ | $U_3$ | $U_4$ | $U_5$ | $U_6$ | $U_7$ | $U_8$ |
|---|---|---|---|---|---|---|---|---|
| $I$ | | | | | | | | |
| $U'_L$ | $U_m$ | $U_2$ | $U_3$ | $U_4$ | $U_5$ | $U_6$ | $U_7$ | $U_8$ |
| $I'$ | | | | | | | | |

实验报告中除完成有关表格内容外，还应画出 $R, L, C$ 的频率特性曲线。对实验作出必要的说明。

### 3.3.5　实验研究

本节要研究的问题有以下几个：

（1）在测电容的频率特性时，接通电源的瞬间，通过电容的电流会较大，为此在电路中接入可调电阻 $R_p$，$R_p$ 有何作用，应当怎样接入电路？

（2）测量完电感的电压与电流后，要断开电源。在断开电源的瞬间会产生很高的感应电压。为了使电感有一个回放，可并联一个电阻，该电阻应怎样并联在电路中，才能对电路的测量没有影响？

（3）若没有数字万用表，则可选择 $R_p = 1\Omega$，用晶体管毫伏表测出其电压，间接得到 $I_C = U_{Rp}$ 及 $I_L$。选择合适的上、下限频率使 $X_L, X_C$ 的最小值大于 $100\Omega$，此时就可忽略 $R_p$ 的压降对 $U_L, U_C$ 的影响。根据以上分析，重新测量交流元件频率特性的有关数据。

**思考题**

1. 按照实验研究的问题（3）重做一次实验，测量元件的频率特性，比较两次实验结果。
2. 铁芯线圈中的电流变化有什么特点？
3. 在表 3-3 中，测得的 $X_L$ 值是在高频还是低频时更接近实际值？为什么？

## 3.4　实验 9　$RL, RC$ 串联电路

**预习**

（1）复习 $RL, RC$ 串联电路。
（2）复习示波器的使用。

### 3.4.1　实验目的

（1）掌握示波器的使用。
（2）加深理解感性电路电压超前电流与容性电路电压滞后电流的特性。

### 3.4.2　实验器材

（1）双踪示波器　　　　　　　　　　　　　　　　1 台
（2）低频信号发生器　　　　　　　　　　　　　　1 台
（3）晶体管毫伏表　　　　　　　　　　　　　　　1 台
（4）电阻箱　　　　　　　　　　　　　　　　　　1 台（0～9999Ω）
（5）电感　　　　　　　　　　　　　　　　　　　1 只（10mH）
（6）电容　　　　　　　　　　　　　　　　　　　1 只（0.1mF）

### 3.4.3　实验原理

如图 3-14、图 3-15 所示，输出至双踪示波器 $Y_B$ 的是总电压 $U$，输出至双踪示波器 $Y_A$ 的是电阻上的电压，但 $U_R$ 与 $I$ 是同相位的，所以从示波器上可以观察到 $U$ 与 $U_R$ 的相位差，实际上就是 $U$ 与 $I$ 的相位差。因为 $U_R$ 与 $I$ 之间的相位差可用 $\varphi = arctan\dfrac{X}{R}$ 求得，所以改变 $R$ 或 $f$ 就可改变相位差。

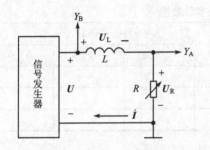

图 3-14　RL 串联电路

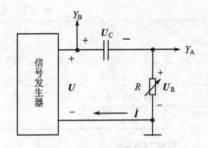

图 3-15　RC 串联电路

### 3.4.4　实验步骤

#### 1. RL 串联电路

（1）按图 3-14 连接好电路。调节 $R=100\Omega$，信号发生器输出电压为 3.0V（取输出阻抗 600Ω），频率调至 1kHz，用毫伏表测出 $U_R, U$，将测量值记录在表 3-5 中。

表 3-5　RL 串联电路电压与电流相位差的实验数据

| 频率 $f$ | $U_R$ | | $U$ | | 相位差 $\varphi$ | |
|---|---|---|---|---|---|---|
| | 毫伏表测量 | 示波器测量 | 毫伏表测量 | 示波器测量 | 观测值 | 计算值 |
| 1kHz | | | | | | |
| 2kHz | | | | | | |

（2）保持频率不变将 $U, U_R$ 输入至双踪示波器的 $Y_A, Y_B$，调节示波器有关旋钮，使波形清晰、稳定，读出 $U_R, U$ 及 $\dot{U}$ 与 $\dot{U}_R$（即 $u$ 与 $i$ 的相位差），填入表 3-5 中。

（3）改变信号发生器的频率重做上面的实验。

（4）改变电阻的大小，观察相位差的变化。

（5）将测试波形描于坐标纸上。

### 2. RC 串联电路

（1）按图 3-15 连接好电路，取 $R=1\text{k}\Omega$，信号发生器的 $f=1\text{kHz}$（输出阻抗为 $600\Omega$），$U=3.0\text{V}$，测出 $U$ 与 $U_R$，填入表 3-6 中。

（2）重复 RL 串联电路实验中的步骤（2），（3），（4），（5）。

表 3-6　RC 串联电路电压与电流相位差测量数据

| 频率 f | $U_R$ | | $U$ | | 相位差 $\varphi$ | |
|---|---|---|---|---|---|---|
| | 毫伏表测量 | 示波器测量 | 毫伏表测量 | 示波器测量 | 观测值 | 计算值 |
| 1kHz | | | | | | |
| 2kHz | | | | | | |

### 3. RL，RC 及 RLC 串联电路中的电压关系

（1）根据表 3-7 中的实验要求分别连接 RL 串联、RC 串联、RLC 串联电路，用晶体管毫伏表测出表格中所需的电压。

（2）比较计算值与实验值，说明实验结论。

表 3-7　串联电路实验数据

| 实验电路 | 计算值 | 被测电压（V） | | | |
|---|---|---|---|---|---|
| | | $U_R$ | $U_L$ | $U_C$ | $U$（实验值） |
| RL 串联 | $U=\sqrt{U_R^2+U_L^2}=$ | | | | |
| RC 串联 | $U=\sqrt{U_R^2+U_C^2}=$ | | | | |
| RLC 串联 | $U=\sqrt{U_R^2+U_L^2+U_C^2}=$ | | | | |

## 3.4.5　实验研究

1．通过 RC 串联电路的实验，我们还可得到：改变电阻 $R$ 就可以改变 $U$ 与 $U_R$ 的相位差，这实际上就是电工基础课中学到的 RC 移相电路。你能通过 RC 移相电路实现输出电压超前和滞后总电压 30°吗（分别取电阻和电容两端的电压为输出电压）？请做一遍，试试看。

2．分别在高频段找两个测试频率，重新完成表 3-5，表 3-6 的实验，比较相位差，说明误差与频率有何间接关系。

### 思考题

1．要在示波器观测 $U_L$ 的波形，电路应怎样接？

2．改变 $R$ 或 $f$，RL 和 RC 串联电路的 $U$ 与 $I$ 的相位差是怎样改变的？

3．简析相位差 $\varphi$ 的计算值与测量值间误差产生的原因。

## 阅读材料

### 电动系仪表的作用

电动系仪表是利用两通电线圈产生的电磁作用力的原理制作的仪表，它可以测量交直流电流、电压，功率及功率因数。

图 3-16 是电动系仪表结构与原理图，固定线圈 1 由彼此平行安装的两部分线圈组成，

它可构成两个量程。可动线圈 2 与转轴装在一起，可带动指针 3 转动，转轴上装有游丝，游丝上产生的阻力矩与动圈的转动力矩形成一对平衡力矩，使指针指示出测量值。阻尼叶片 4、阻尼气室 6，产生的阻尼力矩能使指针迅速的停止在平衡位置上。

图 3-17 是电动系仪表的工作原理示意图。在（a）图中线圈 1,2 的电流如图所示，此时线圈 1 的磁场垂直向上，用左手定则判定出动圈 2 受力 F 的方向。

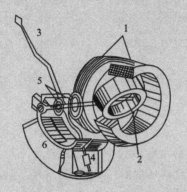

1—固定线圈；2—可动线圈；3—指针；4—阻尼叶片；5—游丝；6—阻尼气室

图 3-16  电动系仪表的结构与原理

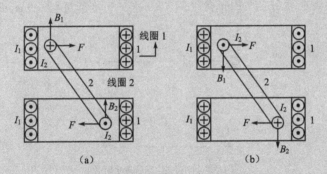

（a）                （b）

图 3-17  电动系仪表的工作原理示意图

当线圈中电流改变时（线圈 1,2 同时改变），磁场方向也发生变化，使动圈 2 的受力方向不变。由此可知，电动系仪表既可测直流，又可测交流。

当被测量是交流时，产生的转动力矩不仅和线圈 1、线圈 2 中的电流 $i_1$, $i_2$ 的有效值有关，还和两电流间的相位差有关，即

$$M = Ki_1i_2\cos\varphi$$

式中，$M$ 为转动力矩；

$\quad\quad K$ 为偏转系数；

$\quad\quad \varphi$ 为 $i_1$ 与 $i_2$ 间相位差。

据此可以得到功率表、功率因数表。

图 3-18 是电动系电流表工作原理图，线圈 1,2 的电流相同，均为 $I$，所以偏转力矩为

$$M = KI_1I_2\cos\varphi = K_iI^2$$

即指针的偏转与电流的平方成正比。

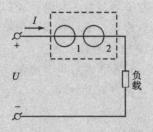
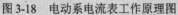

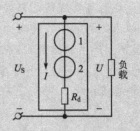

图 3-18　电动系电流表工作原理图　　　　　图 3-19　电动系电压表工作原理图

图 3-19 是电动系电压表的工作原理图。线圈 1, 2 中的电流 $I_1$, $I_2$ 相同，均为 $I$，但 $I$ 正比于电压 $U$，所以

$$M = K_i I^2 = K_u U^2$$

即电动系电压表的指针偏转与电压的平方成正比。

图 3-20 是电动系功率表的电路原理图，电流线圈串联在电路中，电压线圈并联在电路中。由于动圈是并联在电路中的，所以 $I_2$ 与电压 $U$ 成正比，此时偏转力矩为

$$M = K_P I_1 I_2 \cos\varphi = K_P IU \cos\varphi$$

即电动系功率表的指针偏转与电流（$I = I_1$）、电压及功率因数 $\cos\varphi$ 成正比。

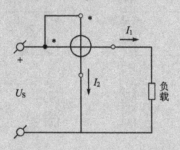

图 3-20　电动系功率表接线图

以上各式中的 $K_i$, $K_u$, $K_P$ 均为偏转系数。

电动系仪表准确度高，并且可以交、直流两用，但它有抗外磁场能力弱、消耗功率大、过载能力小、刻度不均匀等缺点。

## 3.5　实验 10　日光灯电路及功率因数的提高

### 预习

（1）安全用电常识。

（2）日光灯电路的工作原理。

（3）功率因数表及自耦调压器的使用方法。

### 3.5.1　实验目的

（1）了解日光灯电路的工作原理，学会安装日光灯。

（2）了解功率因数的意义及提高功率因数的方法。

### 3.5.2　实验器材

| | |
|---|---|
| （1）单相自耦调压器（0.5～1kVA，0～250V） | 1 台 |
| （2）日光灯电路实验板（20W 日光灯套件） | 1 套 |
| （3）电容箱（或日光灯电容 3.75μF） | 1 只 |
| （4）交流电压表（0～250V 或万用表） | 1 只 |
| （5）交流电流表（0～0.5～1A） | 1 只 |
| （6）功率因数表 | 1 只 |

### 3.5.3　实验原理

#### 1. 日光灯电路的组成和工作原理

（1）组成。

日光灯又称荧光灯，由灯管、镇流器和启辉器三部分组成，电路如图 3-21 所示。灯管由玻璃管制成，内壁涂有一层荧光粉，管内充有少量水银蒸气和惰性气体，两端各装有一组灯丝，灯线上涂有易于电子发射的金属氧化物。

镇流器是一个具有铁芯的电感线圈，其作用是在日光灯起辉时，由它产生很大的感应电动势使灯管点燃，在灯管正常工作时，限制电流。

启辉器又称继电器，在日光灯电路中起自动开关的作用，其结构如图 3-22 所示。

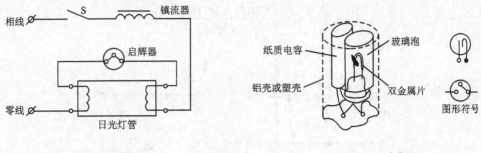

图 3-21　日光灯电路　　　　　　　　　　图 3-22　启辉器

启辉器的玻璃泡内充有氖气，并装有两个电极，一个为静触点，另一个为 n 型双金属片构成的动触点，双金属片在高温时两电极接通，低温时断开，在两电极上并联有一个小电容，主要用于消除日光灯启动对附近无线电设备的干扰。

（2）日光灯的工作过程。

① 启辉器辉光放电。如图 3-21 所示，当开关 S 闭合时，交流 220V 电压全部加在启辉器两极上，使玻璃管内氖气发生电离，产生辉光放电。此时，我们看到启辉器放电并闪光，而电离的温度使双金属片膨胀，从而两电极接触，将电路接通，电流从电源一端经开关—镇流器—灯丝—启辉器—灯丝—电源的另一端，日光灯灯丝点燃，我们看到日光灯两头发亮。

② 日光灯点亮而正常发光。由于启辉器两极接通，日光灯灯丝被加热，因而日光灯管内温度升高，水银蒸发，同时灯丝发射电子。启辉器辉光停止，经过 1 至 3 秒后，双金属片冷却缩回，触片分开，电流中断而引起镇流器产生较高的自感电动势，它和电源电压串联后，加在灯管两端使灯管内气体电离、导电并使灯管内氖气放电过渡到水银蒸气放电，放电时产生的不可见紫外光射在荧光粉上，使日光灯发出近似日光的光束。

（3）日光灯工作正常后，灯管近似为一个纯电阻，由于镇流器与灯管串联，它有较大的感抗，所以又能限制电路中的电流，维持日光灯管的正常工作。灯管点亮后，灯管两端电压较低，不会使启辉器再启动。

此时日光灯电路可用图 3-23 所示的等效电路来表示，通过测量镇流器和灯管两端的电压，可以观察电路中各电压的分配情况。

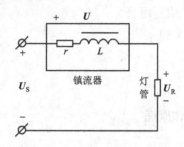

图 3-23　日光灯点亮后的等效电路

### 2. 提高功率因数的方法

如图 3-24 所示，从电压、电流的参考方向和相量图上，可以看出感性负载并联电容后能提高功率因数，没有并联电容时，$\cos\varphi_1 = \dfrac{P}{UI_1}$，并联电容之后 $\cos\varphi_2 = \dfrac{P}{UI}$，由 $\cos\varphi_1$ 提高到 $\cos\varphi_2$ 所需并联的电容值为

$$C = \frac{P(\tan\varphi_1 - \tan\varphi_2)}{\omega U^2}$$

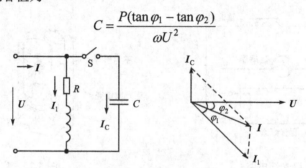

图 3-24　提高功率因数的原理电路

这时所需电容器的无功功率为

$$Q = P(\tan\varphi_1 - \tan\varphi_2)$$

在图 3-24 中，并联电容后的 $\cos\varphi_2$ 是整个电路的功率因数，但电感支路中的 $I_1$，$\cos\varphi_1$ 和功率 $P$ 是不变的，是与电容无关的。

由于并联电容后总电流 $I$ 减小，因此电源可以供给更多的负载，使发电机的容量得到充分利用，另一方面输电线路上的电压降和热损失也减小了。

### 3.5.4　实验步骤

#### 1. 日光灯电路的连接与测量

（1）按图 3-25 接线（目前市面上的日光灯镇流器有两种线圈，此时应参照镇流器上的电路图接线），将调压器手柄置于零位，断开电容器支路的开关。

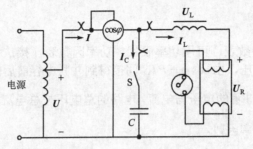

图 3-25 日光灯实验电路

（2）仔细检查电路无误后，再接通电源，调节调压器的输出电压为 220V，点亮日光灯，测出 $U_L$，$U_R$，$I_L$ 并记录到表 3-8 中，求出日光灯的功率 $P = UI_L \cos\varphi$。根据测量值，可得日光灯电路各元件参数如下。

灯管等效电阻：    $R = \dfrac{U_R}{I_L}$

镇流器电阻：    $r = \dfrac{P}{I_L^2} - R$

镇流器的感抗：    $X_L = \sqrt{(\dfrac{U_L}{I_L})^2 - r^2}$

镇流器的电感：    $L = \dfrac{X_L}{\omega}$

（3）闭合 S，观察电流表日光灯启动瞬间和点亮以后的变化情况，灯管在启动时的电流 $I_{ST}$。

## 2. 功率因数的提高

取电容 $C = 3.75\mu F$，闭合电容支路开关，接通电源开关使电压 $U$ 为 220V，点亮日光灯后，测量 $U$，$I$，$U_L$，$U_R$，$I_L$ 及电容支路电流 $I_C$，记入表 3-8 中，断开电源后再重新闭合，测量此时的启动电流 $I_{ST}$。

去掉启辉器，用一只开关代替，接通后 1～3 秒立即断开，仍可使日光灯启辉，这表示启辉器是一个用温度控制的自动开关。

在改变电容 $C$ 的过程中，观察表 3-8 中的 $P$ 与灯管电阻 $R$ 有无变化，为什么？

表 3-8　日光灯电路实验数据

| 项目<br>S 状态 | $U$ (V) | $U_L$ (V) | $U_R$ (V) | $I$ (A) | $I_L$ (A) | $I_C$ (A) | $\cos\varphi$ | $P$ (V) | $R$ (Ω) | $r$ (Ω) | $L$ (H) |
|---|---|---|---|---|---|---|---|---|---|---|---|
| S 断开 | | | | | | | | | | | |
| S 闭合　$C=$ | | | | | | | | | | | |
| $C = 3.75\mu F$ | | | | | | | | | | | |
| $C=$ | | | | | | | | | | | |

## 3. 注意事项

日光灯的启动电流较大，做启动实验时，应注意电流表的量程，观察指针偏转情况，勿使过载。

### 3.5.5　实验研究

（1）如果没有功率因数表，可用功率表代替功率因数表（接法相同），用电流、电压表测出电路的总电流与总电压，由 $\cos\varphi = P/S$ 间接得到并联电容前后的功率因数。

（2）还可以分别测得灯管的电压与电流，电路的总电压与总电流，由 $\cos\varphi = \dfrac{P}{S} = \dfrac{U_R I_R}{UI}$ 间接得到并联电容前后的功率因数。

### 思考题

1. 电容 $C$ 越大，是否 $\cos\varphi$ 越高？
2. 日光灯是否能直接接在电压为 220V 电源下使用？
3. 在电力工业上，$\cos\varphi$ 是否能提高到 1？为什么？

## 3.6　实验 11　三相负载的星形连接

### 预习

（1）熟悉三相负载的连接方式及电路的特点。
（2）安全用电知识。

### 3.6.1　实验目的

（1）掌握三相负载的星形（Y）连接的方法。
（2）验证三相对称电路的线电压和相电压、线电流和相电流的关系。
（3）了解三相四线制电路中性线的作用。
（4）了解自耦调压器的使用。

### 3.6.2　实验器材

| | |
|---|---|
| （1）三相电路实验板 | 1 块 |
| （2）万用表 | 1 只 |
| （3）交流电流表 | 1 只 |
| （4）灯泡、导线 | 若干 |
| （5）三相自耦调压器 | 0～380V，公用 |

### 3.6.3　实验原理

（1）如图 3-26 所示，三相电路对称时（电源、电压对称，负载也对称），线电流等于相电流，线电压为相电压的 $\sqrt{3}$ 倍。

（2）当三相电路不对称时，若采用三相三线制，则出现中性点位移现象，使负载无法正常工作，故当三相不对称负载作星形连接时，应采用图 3-26 所示的三相四线制连接，且中性线不能装熔断器，连接要牢固。

（3）若遇三相三线制电源不对称时，有的负载上电压会超过其额定值，这时需将三相电源的线电压用自耦调压器调成 380V。

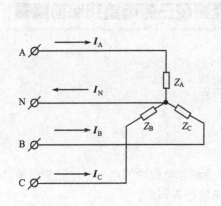

图 3-26 三相负载的星形连接

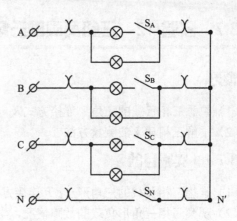

图 3-27 星形连接的实验电路

### 3.6.4 实验步骤

（1）按图 3-27 将灯泡连接成星形，经检查无误后，接通电源进行实验（通电前须经教师检查）。

（2）$S_A$, $S_B$, $S_C$, $S_N$ 都闭合，测量线电压、相电压、线电流、相电流，两中性点间电压及中性线电流；再断开 $S_N$，重测以上电压、电流，填入表 3-9 中。

（3）$S_B$, $S_C$, $S_N$ 闭合，$S_A$ 断开，测量各电压、电流；再断开 $S_N$，重测以上值，填入表 3-9 中。

（4）A 相开路测量有、无中性线两种情况下各电压、电流值，填入表 3-9 中，并观察有、无中性线时，各白炽灯亮度的变化。

表 3-9 三相负载的星形连接实验数据

| 测量项目 | | $U_{AB}$ | $U_{BC}$ | $U_{CA}$ | $U_A$ | $U_B$ | $U_C$ | $I_A$ | $I_B$ | $I_C$ | $U_{NN'}$ | $I_N$ |
|---|---|---|---|---|---|---|---|---|---|---|---|---|
| | 单位 | | | | | | | | | | | |
| 有中性线 | 负载对称 | | | | | | | | | | — | |
| | 负载不对称 | | | | | | | | | | — | |
| | A 相开路 | | | | | | | | | | — | |
| 无中性线 | 负载对称 | | | | | | | | | | | — |
| | 负载不对称 | | | | | | | | | | | — |
| | A 相开路 | | | | | | | | | | | — |

### 3.6.5 实验研究

分析有中性线与无中性线 A 相开路的测量数据，说明实验现象。在民用三相四线制供电线路中，若 A,B 两相接近满负荷，而 C 相仅开一盏灯，又恰逢中性线断路，会出现什么现象？为什么？

**思考题**

1. 三相对称负载星形连接时，线电压与相电压、线电流与相电流之间的关系如何？

2. 三相四线制电路中，中性线有什么作用？

## 3.7 实验 12 三相负载的三角形连接及三相电路功率的测量

### 预习

（1）熟悉三相负载的三角形连接方式及电路的特点。
（2）了解三相功率的测量方法。

### 3.7.1 实验目的

（1）掌握三相负载的三角形（△）连接方法，学会对称负载时的电压、电流的测量。
（2）观察三相三角形负载的故障情况，学习故障的分析判断。
（3）学习用三功率表法和二功率表法测定三相电路的功率。

### 3.7.2 实验器材

| | |
|---|---|
| （1）三相电路实验板 | 1 块 |
| （2）功率表 | 3 只 |
| （3）交流电流表 | 1 只 |
| （4）万用表 | 1 只 |
| （5）灯泡、灯座、导线 | 若干 |

### 3.7.3 实验原理

#### 1. 三相负载的三角形（△）连接

（1）如图 3-28 所示，当三相负载对称时，负载相电压等于线电压，由于各相阻抗相同，各相电流也相同，分析可得线电流 $I_{线}$ 是相电流 $I_{相}$ 的 $\sqrt{3}$ 倍，线电流相位滞后对应的相电流 30°。

（2）当三相负载不对称时，由图 3-28 可知，线电压仍等于相电压，但由于各相阻抗不相同，故 $I_{线}$ 不等于 $\sqrt{3}I_{相}$。

#### 2. 三相电路的功率测量

（1）三功率表法。在三相交流电路中，三相负载的总功率等于各相负载消耗功率之和，即

$$P = P_A + P_B + P_C$$

在对称三相电路中，

$P = 3P_A = 3P_B = 3P_C = 3U_P I_P \cos\varphi = \sqrt{3}U_L I_L \cos\varphi$（$\varphi$ 为相电压与相电流之间的相位差）。

三相负载消耗的功率可用三功率表法测量。原理如下：用三个功率表分别测定各相负载的功率，三相负载消耗的总功率就等于各相负载消耗的功率之和。

（2）二功率表法。如图 3-29 所示，对于三相三线制电路，负载对称时可用二功率表法测三相总功率（不对称时也可用此方法测量）。

由理论推导可得三相总功率 $P = P_1 + P_2$，当 $\cos\varphi < 0.5$ 时 $P_1 > 0$，$P_2 < 0$，第二功率表反转，应把接电流线圈的两根线互换使之正向偏转，此时 $P = P_1 - P_2$。

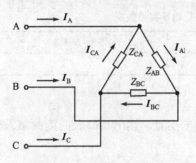

图 3-28　三相负载的三角形连接

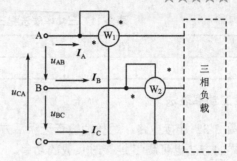

图 3-29　二功率表法测三相负载功率原理图

### 3.7.4　实验步骤

#### 1. 三相负载的三角形连接

（1）按图 3-30 将灯泡连接成三角形，经教师检查无误后方可通电实验。分别测量负载对称（$S_A$, $S_B$, $S_C$ 闭合）和不对称两种情况下线电流、线电压、相电流的值，记入表 3-10 中，观察白炽灯亮度是否变化。

（2）断开 A 相，重新测量各电压、电流值，填入表 3-10 中。

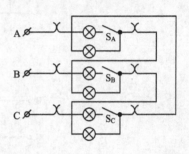

图 3-30　三相负载的三角形连接实验电路

表 3-10　三相负载的三角形连接实验数据

| 测量项目 | $U_{AB}$ | $U_{BC}$ | $U_{CA}$ | $I_A$ | $I_B$ | $I_C$ | $I_{AB}$ | $I_{BC}$ | $I_{CA}$ |
|---|---|---|---|---|---|---|---|---|---|
| 单位 | | | | | | | | | |
| 负载对称 | | | | | | | | | |
| 负载不对称 | | | | | | | | | |
| A 相开路 | | | | | | | | | |

#### 2. 三功率表法测三相负载功率

按图 3-31 接线，经检查无误方可通电。用功率表分别测量 A 相、B 相、C 相负载的功率。将测量数据填入表 3-11 中，同样的方法也可测 Δ 连接负载的功率（无论负载对称与否）。

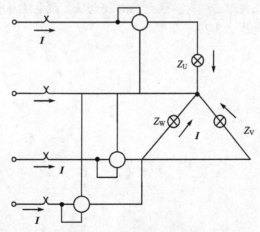

图 3-31　Y 连接的实验电路

☆☆☆☆☆

表 3-11　三功率表法测三相负载功率实验数据

| $P_A$ | $P_B$ | $P_C$ | $P = P_A + P_B + P_C$ |
|---|---|---|---|
| | | | |

### 3. 二功率表法

按图 3-32 连接电路，经教师检查无误后方可通电实验。读出功率表的读数填入表 3-12 中，同样的方法也可测 Y 连接时负载的功率。

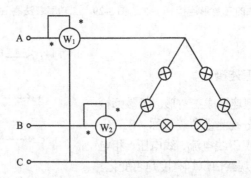

图 3-32　二功率表法测三相负载功率实验电路

表 3-12　二功率表法测三相负载功率实验数据

| $P_A$ | $P_B$ | $P = P_A + P_B$ |
|---|---|---|
| | | |

## 3.7.5　实验研究

在图 3-30 三角形连接的电路中，如果 $S_A$, $S_B$ 闭合，$S_C$ 断开，观察电路的现象。分别测出三相线电流和三相相电流，对测量结果进行分析。若灯泡的额定电压为 220V，电源的线电压应为多大？

### 思考题

1. 三相对称负载三角形连接时，线电压与相电压、线电流与相电流之间的关系如何？
2. 怎样测量三相负载功率？

# 第 4 章　选做实验

本书前 3 章讲述了实验基本知识，各系列仪表的工作原理、使用方法以及新大纲要求的基本实验内容。本章将着重介绍几个比较典型的实验，以进一步提高读者的实验技能，提高同学们运用理论知识分析和解决问题的能力。

## 4.1　实验 13　互感

### 预习

（1）电工基础中关于互感耦合线圈的同名端，线圈的测量等概念。
（2）线圈的自感系数、耦合线圈的互感系数的测量方法。

### 4.1.1　实验目的

（1）学习确定两互感耦合线圈同名端的方法。
（2）学习用电流表、电压表和功率表测量自感系数、互感系数。
（3）观察两线圈相对位置与互感大小的关系。

### 4.1.2　实验器材

（1）直流稳压电源　　　　　　　　　　　1 台
（2）调压器　　　　　　　　　　　　　　1 台
（3）交流电流表　　　　　　　　　　　　1 个
（4）直流电流表　　　　　　　　　　　　1 个
（5）万用表　　　　　　　　　　　　　　1 个
（6）空芯线圈　　　　　　　　　　　　　2 个，其电感约为 0.15H

### 4.1.3　实验原理

#### 1. 同名端

在图 4-1 中，当开关 S 闭合时，两个 * 端为同名端。两个或两个以上具有互感的线圈中，感应电动势的极性一致的端点叫同名端，在电路中用"·"或"＊"等符号标明互感耦合线圈的同名端，同名端可用实验方法来确定，常用的有直流法和交流法。

（1）直流法。如图 4-2 所示，$R$ 为限流电阻，当闭合开关 S 时，若与 $L_2$ 相接的电表的指针正向偏转，则接电池正极的 a 端与接电表正极 c 端为同名端；反之，若电表的指针反向偏转，则 a 与 c 为异名端，原理见图 4-1，可用楞次定律解释。

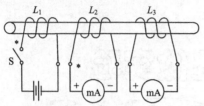

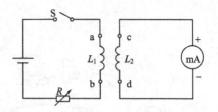

图 4-1　互感电路　　　　　　　　　图 4-2　直流法判定同名端电路

（2）交流法。如图 4-3 所示，将线圈的 $1' - 2'$ 串联，在 $1-1'$ 加交流电源。分别测量 $U_1$，$U_2$ 和 $U_{12}$ 的有效值，若 $U_{12} = U_1 - U_2$，则 1,2 端为同名端；若 $U_{12} = U_1 + U_2$，则 $1,2'$ 端为同名端。

### 2. 测出自感系数 L

测出线圈的端电压 $U$、电流 $I$ 及线圈的电阻 $R$ 即可求出 $L$。

$$Z = \frac{U}{I}$$

$$X_{\mathrm{L}} = \sqrt{Z^2 - R^2}$$

$$L = \frac{X_{\mathrm{L}}}{2\pi f}$$

### 3. 测出互感系数 M

（1）利用互感电动势求互感系数，如图 4-4 所示的两个线圈互感耦合的电路，当线圈 $1-1'$ 接正弦交流电压，线圈 $2-2'$ 开路时，$U_{20} = \omega M I_1$，而互感 $M = \dfrac{U_{20}}{\omega M I_1}$，其中 $\omega$ 为电源的角频率，$I_1$ 为线圈 $1-1'$ 中的电流，为了减少测量误差，电压表应选用内阻较大的。

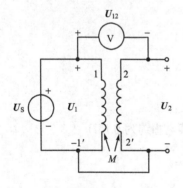

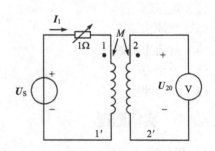

图 4-3　交流法判定同名端电路　　　　　　图 4-4　测量开路互感电压

（2）用等效电感求互感系数。两线圈顺向串联时，其等效电感为

$$L_顺 = L_1 + L_2 + 2M$$

反向串联的等效电感为

$$L_反 = L_1 + L_2 - 2M$$

故得两线圈间的互感为

$$M = \frac{L_顺 - L_反}{4}$$

另一方面，由于顺向串联时的总电抗为

$$X_顺 = \omega L_顺 = \omega(L_1 + L_2 + 2M_1)$$

反向串联时的总电抗为

$$X_反 = \omega L_反 = \omega(L_1 + L_2 - 2M)$$

则仍可得到

$$M = \frac{X_顺 - X_反}{4\omega}$$

### 4.1.4　实验步骤

#### 1. 判定同名端

（1）按图 4-2 接线，用直流通断判定同名端。

（2）按图 4-3 接线，若 $U_{12} = U_1 - U_2$，则 1 端与 2 端为同名端，若 $U_{12} = U_1 + U_2$，则 1 端与 2' 端为同名端。

#### 2. 测量 $L$, $M$

（1）事先用直流伏安法测出线圈 1 和线圈 2 的电阻 $R_1$ 及 $R_2$，记入表 4-1 中，再按图 4-4 接线，副边开路，用调压器将电压调到较低的值，测出 $U_1$, $I_1$ 及 $U_{20}$ 记入表 4-1 中。

表 4-1　互感实验数据一

| 内容 | $R_1$ | $R_2$ | $U_1$ | $U_2$ | $U_{20}$ | $L_1$ | $M$ |
|------|-------|-------|-------|-------|----------|-------|-----|
| 数值 |       |       |       |       |          |       |     |

（2）用顺向与反向串联法测出 $M$。按图 4-5 接线，分别测出顺向和反向串联时的 $U$ 与 $I$ 记入表 4-2，并求出顺向串联的等效阻抗。

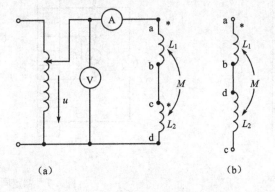

（a）　　　　　　　　　　　（b）

图 4-5　测量 $M$ 的实验电路

$$Z' = U / I$$

等效电抗为

$$X' = \sqrt{(Z')^2 - (R_1 + R_2)^2}$$

等效电感为

$$L_{顺} = X'/\omega$$

同理，求出反向串联的 $Z''$, $X''$, $L_{反}$；从而

$$M = \frac{L_{顺} - L_{反}}{4}$$

将结果填入表 4-2。

表 4-2　互感实验数据二

| 项　目 | 预先测定 | | 测　　量 | | | | 计　　算 | | |
|---|---|---|---|---|---|---|---|---|---|
| | | | 顺向串联 | | 反向串联 | | | | |
| | $R_1$ | $R_2$ | $U$ | $I$ | $U_1$ | $I_1$ | $L_{顺}$ | $L_{反}$ | $M$ |
| 数　值 | | | | | | | | | |

### 3. 注意事项

（1）万用表的用法由教师讲解，特别注意换挡时要断开电源。

（2）观察互感现象时，交流电表用 0.5A 量程。

## 4.1.5　实验研究

（1）如图 4-6 所示，若测得 ab, cd 是两线圈的两个端子，又测得 $U_S = U_{ab} + U_{bc}$，试说明线圈的同名端。

（2）如图 4-7 所示，改变了图 4-6 中线圈的接法，测得电流 $I_1 > I_2$，试说明线圈的同名端。

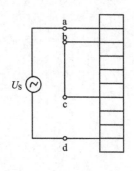

图 4-6　判定同名端一

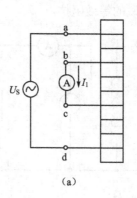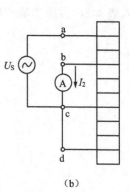

（a）　　　　　　　　　（b）

图 4-7　判定同名端二

## 思考题

1. 在图 4-2 中，当断开 S 时，电流表的偏转方向如何？请说明原因。

2. 在图 4-3 中，标出电流、自感电动势、互感电动势的参考方向。

## 4.2　实验 14　单相变压器

### 预习

（1）电路中为什么要接入变压器？能起哪些作用？

（2）明确变压器绕组极性相同的含义？

（3）怎样判定变压器两线圈的同名端？

### 4.2.1　实验目的

（1）了解变压器的结构。

（2）掌握变压器两线圈同名端的判定方法。

（3）学习测量变压器的电压比、电流比、空载电流。

### 4.2.2　实验器材

| | |
|---|---|
| （1）多绕组单相变压器 | 1 只 |
| （2）万用表 | 1 只 |
| （3）交流电流表 | 1 只 |
| （4）直流电源 | 1 台 |
| （5）交流电源 | 1 台 |
| （6）负载电阻 | 1 只 |
| （7）双刀开关 | 1 只 |
| （8）单相调压器 | 1 台 |

### 4.2.3　实验原理

（1）在交流电路中，变压器主要用于变换交流电流、交流电压及负载阻抗。

变压器的变比为

$$K = \frac{N_1}{N_2} = \frac{U_1}{U_2}$$

式中，$N_1, N_2$ 为一次侧、二次侧绕组的匝数；

$U_1$ 为一次侧绕组的电压；

$U_2$ 为二次侧绕组的开路电压。

一次侧、二次侧绕组中电流与变比的关系为

$$\frac{I_1}{I_2} = \frac{1}{K}$$

式中，$I_1, I_2$ 分别为原、副绕组的电流。

（2）变压器线圈的同名端是指铁芯内的磁通发生变化时，各绕组上感应电动势或感应电压极性相同的端。根据同名端，可以正确连接变压器的线圈。

### 4.2.4　实验步骤

（1）观察、了解单相变压器的结构。

（2）按图 4-8 接线，经教师检查无误后方可进行实验。

（3）测定变比 $K$。如图 4-8 所示，闭合 $S_1$，测量一次侧、二次侧绕组的开路电压 $U_1,U_2$，求出变比 $K = \dfrac{U_1}{U_2}$。

（4）测量空载电流。如图 4-8 所示，测量此时一次侧绕组的空载电流 $I_0$ 并记录测量值。

（5）判定变压器线圈的同名端。按图 4-9 正确接线，将变压器各线圈的两根引线标以符号 $A - A'$，$B - B'$。闭合开关 S，用交流电压表测 $U_{AB}$，$U_{AA'}$，$U_{BB'}$ 的电压，若 $U_{AB} = U_{AA'} - U_{BB'}$，则 AB 为同名端，若 $U_{AB} = U_{AA'} + U_{BB'}$，则 AB' 为同名端。

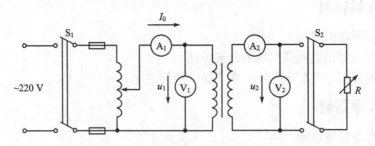

图 4-8　变压器实验电路

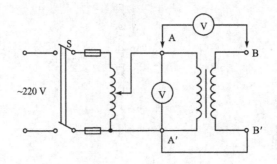

图 4-9　同名端判定电路

**思考题**

1. 变压器的变比与电压比、电流比的关系。
2. 同名端对变压器的连接有何影响？同名端有何作用？
3. 测出给定单相多线组变压器的输出电压。

## 4.3　实验 15　串联谐振电路

**预习**

（1）串联谐振电路的特点。
（2）信号发生器、晶体管毫伏表的使用。

### 4.3.1　实验目的

（1）观察 $RLC$ 串联电路的谐振状态，学会测定其谐振频率。

（2）测定串联谐振电路的谐振曲线。

（3）进一步熟悉信号发生器、晶体管毫伏表的使用。

### 4.3.2　实验器材

（1）低频信号发生器　　　　　　　　　　　　　　1 台
（2）晶体管毫伏表　　　　　　　　　　　　　　　1 台
（3）电阻　　　　　　300Ω，500Ω　　　　各 1 只
（4）电感　　　　　　50mH　　　　　　　　1 只
（5）电容　　　　　　0.047μF　　　　　　　1 只

### 4.3.3　实验原理

#### 1. 串联谐振电路

如图 4-10 所示的 $RLC$ 串联电路中，电流 $I = \dfrac{U}{\sqrt{R^2 + (X_L - X_C)}}$，当电源频率为某一频率 $f_0$ 时，电路中的容抗 $X_C$ 与感抗 $X_L$ 相等，电路中的总电压与总电流同相位，电路呈电阻性且阻抗最小，电路中的电流 $I = \dfrac{U}{R}$ 为最大值，此时电路的状态叫做串联谐振状态。由于

$$X_L = X_C$$

即

$$2\pi f_0 L = \frac{1}{2\pi f_0 C}$$

故可计算出此时的频率

$$f_0 = \frac{1}{2\pi\sqrt{LC}}$$

称为谐振频率。

#### * 2. 电流谐振曲线

当 $RLC$ 串联电路两端的电压一定时，电路中电流随电源频率变化的关系用曲线表示即电流谐振曲线（如图 4-11 所示）。曲线的顶点即为谐振点，其对应的电流 $I_0$ 就是谐振时电路的电流。电流下降到 $0.707\,I_0$ 时所对应的频率范围称为谐振电路的通频带。

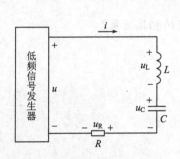

图 4-10　串联谐振实验电路

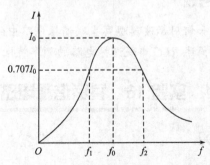

图 4-11　电流谐振曲线

### 4.3.4 实验步骤

1. 观察谐振状态,测定谐振频率。按图 4-10 接线,$R$ 取 $3000\Omega$,$L$ 取 $50\text{mH}$,$C$ 取 $0.047\mu\text{F}$,信号发生器输出电压保持在 3V,用毫伏表测量电阻 $R$ 上的电压 $U_R$,谐振时电路中的电流最大,$U_R$ 也最大。因此,可以调节信号发生器输出电压的频率,使 $U_R$ 达到最大值,电路即达到谐振状态。测量此时 $U_R$,$U_L$,$U_C$,并记下 $R,L,C$ 的值,计算出谐振频率 $f_0$ 的值填入表 4-3 中。

表 4-3　串联谐振电路实验数据一

| $R=$ | | $L=$ | | $C=$ | |
|---|---|---|---|---|---|
| $U_R=$ | | $U_L=$ | | $U_C=$ | |
| $f_0=$ | | $I_0=$ | | | |

2. 测绘谐振曲线。接线如图 4-10,信号发生器输出电压仍调到 3V,在谐振频率两侧调节输出电压的频率（每次改变频率均需重新调电压至 3V）,分别测量 $U_R$ 的值,填入表 4-4 中。再将 $R$ 换成 $5000\Omega$,重复上述测量,将测量数据填入表 4-4 中,再根据表中数据画出电流谐振曲线（在谐振频率附近多测几组）。

表 4-4　串联谐振电路实验数据二

| | $f(\text{Hz})$ | | | | |
|---|---|---|---|---|---|
| $R=3000\Omega$ | $U_R(\text{V})$ | | | | |
| | $I(\text{A})$ | | | | |
| | $f(\text{Hz})$ | | | | |
| $R=5000\Omega$ | $U_R(\text{V})$ | | | | |
| | $I(\text{A})$ | | | | |
| $f_0$ | | | | | |

### 4.3.5 实验研究

电路发生串联谐振时,电感或电容的电压是总电压的 $Q$ 倍,电感与电容的参数选择的不好,很可能会把电容或电感烧坏。怎样选择它们的参数呢?请在实验前研究好电容、电感的参数。

**思考题**

1. 如何用示波器观察串联谐振电路中的电压和电流的相位关系?
2. 简述 $RLC$ 串联谐振电路的频率特性。

## 4.4　实验 16　并联谐振电路

**预习**

（1）$RL$ 串联再与 $C$ 并联的谐振电路的特点是什么?
（2）复习双踪示波器的使用方法。

## 4.4.1 实验目的

（1）用示波器观察 $RL—C$ 并联电路中电压与电流的相位关系。

（2）观察并联电路的谐振状态。

（3）学习测绘并联谐振电路的谐振曲线。

## 4.4.2 实验器材

（1）低频信号发生器　　　　　　　　　1 台

（2）双踪示波器　　　　　　　　　　　1 台

（3）毫伏表　　　　　　　　　　　　　1 只

（4）电感、电容　　　　　　　　　　　各 1 只

## 4.4.3 实验原理

### 1. $RL—C$ 并联谐振电路

如图 4-12 所示，当电路发生谐振时，总电流与总电压同相，电路呈纯电阻性。谐振频率 $f_0 = \dfrac{1}{2\pi\sqrt{LC}}$。此时，并联谐振的总电流最小，电感支路与电容支路电流接近相等，并为总电流的 $Q$ 倍，$Q$ 为品质因数，且 $Q = \dfrac{\omega_0 L}{R}$。

### 2. 电压谐振曲线

$RL—C$ 并联电路中，若忽略线圈电阻，就成了 $LC$ 并联电路。当电路谐振时，呈现最大阻抗，并联电路电压最高。而没有谐振时，电路呈低阻抗，并联电路两端电压较低，因而电路具有选频作用（见图 4-13）。

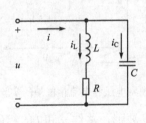

图 4-12　$RL—C$ 并联电路

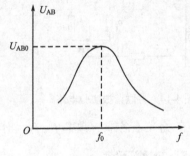

图 4-13　电压谐振曲线

### 3. $RL—C$ 并联电路中电压与电流的相位关系

当 $f > f_0$ 时电路呈容性，总电流超前总电压；当 $f < f_0$ 时，电路呈感性，总电流滞后总电压；当 $f = f_0$ 时电路呈纯阻性，电压与电流同相。

## 4.4.4 实验步骤

### 1. 观察并联电路的谐振态

按图 4-14 正确接线。如图 4-14 所示 $R_1$，$R_2$ 为电流取样电阻（1Ω），$R_3$ 为电源内阻（10kΩ），

调节信号发生器保持其输出电压为 5V，改变信号频率，用毫伏表测量 $R_3$ 上的电压；当此电压最小时，电路发生谐振，此时用毫伏表测量 $U_{R1}$，$U_{R2}$ 及 $U_{AB}$，将数据填入表 4-5 中，并算出 $I_0$，$I_C$，$I_L$ 及 $Q$。

表 4-5 并联谐振电路实验数据一

| $U_{R1}$（V） | $U_{R2}$（V） | $U_{R3}$（V） | $U_{AB}$（V） | $I_0$（A） | $I_C$（A） | $I_L$（A） | $Q$ | $f_0$（Hz） |
|---|---|---|---|---|---|---|---|---|
| | | | | | | | | |

### 2. 测绘并联谐振曲线

如图 4-14 所示，调节信号发生器的信号频率，测出对应的 $U_{AB}$，记入表 4-6 中（信号发生器的输出电压保持在 5V），并描绘谐振曲线。

表 4-6 并联谐振电路实验数据二

| $f$（Hz） | | | | | | |
|---|---|---|---|---|---|---|
| $U_{AB}$（V） | | | | | | |
| $f_0$（Hz） | | | | | | |

### 3. 观察 $RL$—$C$ 并联电路中电压与电流的相位关系

（1）按图 4-15 正确接线，$R_3 = 10\text{k}\Omega$，将 A 点电位差接入示波器 $Y_A$ 通道，得到总电压 $u$ 的波形。将 B 点电位接入示波器 $Y_B$，得到电阻 $R_3$ 的电压波形，亦为电路中总电流的波形（电阻上的电压与电流同相位）。示波器工作在"内触发"，将"拉—$Y_B$"旋钮拉出，由 $Y_B$ 通道的电压进行触发。

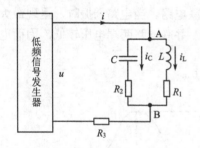

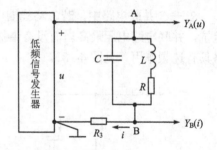

图 4-14　并联谐振实验电路　　　　　图 4-15　观察电压和电流相位差的实验电路

（2）在 $f_0$ 左右各取一频率 $f_1$，$f_2$，分别观察这三点 $u$ 与 $i$ 波形，总结 $u$ 和 $i$ 的相位关系。

## 4.4.5　实验研究

发生并联谐振时，电容和电感两端的电压会很高，通过电容或电感的电流为总电流的 $Q$ 倍。实验时可适当降低电源电压并增大电阻 $R_3$，在实验前应研究、选择好电容与电感的参数。

### 思考题

1. 为什么 $RL$—$C$ 并联电路具有选频作用？

2. $RL$—$C$ 并联电路的电压与电流相位关系如何？

## 4.5 实验 17 单相电度表的使用

### 预习

（1）了解单相电度表的接线方法。

（2）了解电度表与功率表的区别。

### 4.5.1 实验目的

（1）掌握单相电度表的接线方法。

（2）学会使用单相电度表来估测负载的有功功率。

### 4.5.2 实验器材

| | |
|---|---|
| （1）单相电度表 | 1 只 |
| （2）秒表 | 1 只 |
| （3）开关 | 1 只 |
| （4）灯座 | 若干 |
| （5）电工实验板 | 1 块 |
| （6）连接导线 | 若干 |

### 4.5.3 实验原理

（1）电度表用来测量在一段时间内负载消耗的电能，其在单相交流电路中的接线方法原则上与功率表相同，即电流线圈与负载串联，而电压线圈与负载并联。电度表有专门的接线盒，盒内有四个接线端钮。电度表有两种接线方法：跳入式接线和顺入式接线。如图 4-16 所示，常见的跳入式接线只需将电源的进表线分别接 1,3 两端钮，出表线分别接 2,4 两端钮。

（2）利用单相电度表可以估测负载的有功功率。

根据电功率和电能的关系可推算出

$$P = \frac{3.6n \times 10^6}{ct}$$

式中，$P$ 为负载功率；

$c$ 为电度表每千瓦小时对应的铝盘转数；

$n$ 为电度表在 $t$ 时间内转动的圈数。

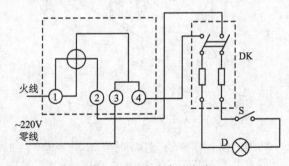

图 4-16 电度表实验电路

### 4.5.4  实验步骤

（1）按图 4-14 正确连线，经教师检查无误后方可通电实验。

（2）记下电度表铭牌中的 $c=($　　　　　　　$)$r/kW·h。

（3）估测标称值为"220V/40W"的灯泡的功率。分别记下铝盘转动 6, 7, 8 圈所用的时间填入表 4-7 中。根据 $P=\dfrac{3.6n\times10^{6}}{ct}$ 计算灯泡消耗功率并取平均值。

表4-7　单相电度表的使用实验数据

| 圈数 $n$ | 时间 $t$ | 功率 $P$ |
|:---:|:---:|:---:|
| 6 | | |
| 7 | | |
| 8 | | |

### 思考题

1. 单相电度表应怎样连接？

2. 如何鉴定电度表？

3. 如电度表的铝盘转速较慢，怎样改变负载，使其转速变快？

## 阅读材料

### 感应系单相电度表

#### 1. 感应系单相电度表的结构

如图 4-17 所示，单相电度表的结构主要由以下几部分组成。

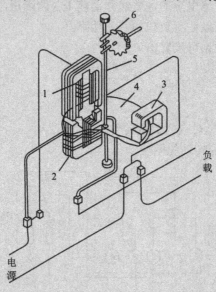

1—电压线圈；2—电流线圈；3—制动永久磁铁；4—铝盘；5—转轴；6—积算机构（并联电磁铁）（串联电磁铁）

图4-17　单相电度表结构示意图

（1）驱动单元：包括电流线圈、电压线圈、铁芯和可动铝盘。其中，电流线圈与负载串联，电压线圈与负载并联，其作用是产生转动力矩。

（2）制动单元：其作用是在铝盘转动时，产生制动力矩。由铝盘和永久磁铁构成。

（3）积算机构：用来累计电度表铝盘的转数，以便达到累计电能的目的。它主要包括安装在转轴上的蜗杆和计数器。应该指出，从电度表读数窗口所看到的数值，是电能的累计数值，即从电度表开始使用以来，电能的总累计数值。如果想知道某一具体时间内的电能，则应读取这一段时间内的始末数值之差。

### 2. 工作原理

当电度表的电压、电流线圈通过交变电流后，产生的交变磁场在铝盘中感应出涡流，涡流与线圈的磁场相互作用就产生转动力矩，使铝盘转动，并带动积算机构转动。涡流与永久磁铁相互作用，产生一个制动力矩与转动力矩共同作用，控制铝盘的转速，用电量越大，其转速越快。

用 $c$ 表示电度表每千瓦时对应的铝盘转数，其单位为 r/kW·h（转/千瓦·时），用 $n$ 表示铝盘转过的圈数，则用电量为

$$W = \frac{n}{c}$$

例如，$c$=2400 r/kW·h，$n$=9600 r，用电量 $W = \dfrac{n}{c}$ =4 kW·h=4 度

### 3. 用电量的计算

每月的用电量=电度表本月的读数−上月的读数

## 4.6　实验 18　瞬态过程

**预习**

了解 $RC$ 电路瞬态过程中电流、电压的变化规律及电路的时间常数。

### 4.6.1　实验目的

（1）学习 $RC$ 电路时间常数的测定。

（2）学习用示波器观察 $RC$ 电路电流、电压变化的波形图，加深理解 $RC$ 电路瞬态过程电流和电容电压的变化规律。

### 4.6.2　实验器材

| | | |
|---|---|---|
| （1）直流稳压电源 | 1 台 | |
| （2）万用电表 | 1 台 | |
| （3）电容1000μF/25V | 1 只 | |
| 　　　0.01μF/50V | 1 只 | |
| （4）电阻 | 3 只 | |
| （5）双踪示波器 | 1 台 | |

### 4.6.3 实验原理

#### 1. RLC 充电电路

如图 4-18 所示，当开关置于"1"，电源给电容充电，当开关置于"2"，电容通过 $R_2$ 放电。如图 4-19 所示，电容充放电过程中，电压、电流均按指数规律变化。

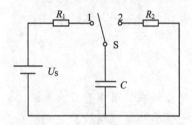

图 4-18　RC 充放电电路

#### 2. RC 电路的时间常数

电路充、放电的快慢取决于 RC 电路的时间常数 $\tau = RC$，一般认为，RC 电路经 $3\sim5\tau$，充放电过程基本完成，充电时 $\tau$ 是 $u_C$ 从零增至 $0.632U_S$ 的时间。放电时 $\tau$ 是 $u_C$ 从 $U_0$ 下降到 $0.368U_0$ 所需的时间。

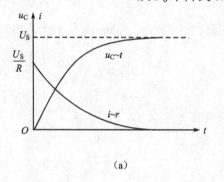
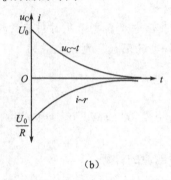

图 4-19　RC 电路充、放电曲线

### 4.6.4 实验步骤

#### 1. 按图 4-20 正确接线

$R_1$，$R_2$ 均取 $30k\Omega$，$C$ 取 $1000\mu F$。测量 $u_C$ 从零上升到 $0.632U_S$ 所需的时间——充电时间常数 $\tau_1$；再测量 $u_C$ 下降到 $0.368U_0$ 所需的时间——放电时间常数 $\tau_2$。再用 $\tau = RC$ 计算出 $\tau$（开关 S 可选择为 $2\tau$ 的电子开关，用示波器观察并测算出时间）。

#### 2. 观测 RC 电路充放电时电流 $i$ 及 $u_C$ 的变化波形

（1）按图 4-21 正确接线，$R$ 取 $10k\Omega$，$C$ 取 $0.01\mu F$，电源 $U_S$ 为频率 1000Hz，幅度为 1V 的矩形波（可用示波器输出的校正方波电压）。

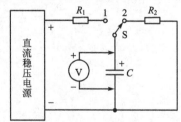

图 4-20　RC 电路过渡过程实验电路

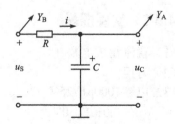

图 4-21　观察 RC 充、放电电流、电压波形的电路

（2）$Y_A$ 接示波器 $Y_B$ 通道，观测 $u_C$ 波形，$Y_B$ 接示波器 $Y_B$ 通道，显示电流波形。描下观察到的波形。

### 4.6.5　实验研究

1. $RC$ 充放电过程及瞬态过程的实验要想做好是比较困难的。在图 4-21 中，电源 $u_S$ 可采用信号发生器中的方波，选择好 $R$ 与 $C$ 的参数，并适当调节方波的频率，得到如图 4-22 所示的充、放电波形，读出充电时间常数 $\tau_1$ 与放电时间常数 $\tau_2$。

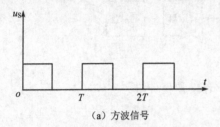
（a）方波信号

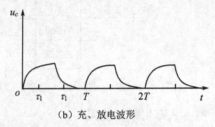
（b）充、放电波形

图 4-22　$RC$ 电路充、放电波形

2. 根据图 4-22（b）输出波形，读出若干组测试数据并填写在表 4-8 中。

表 4-8　瞬态过程实验数据

| 项　目 | | 测　量　值 | | | | | $(R_1 /\!/ R_2)C$ | 测量值 $\tau$ |
|---|---|---|---|---|---|---|---|---|
| 充电 | $t$ | | | | | | | |
| | $u_C$ | | | | | | | |
| 放电 | $t$ | | | | | | $R_2C$ | |
| | $u_C$ | | | | | | | |

**思考题**

1. 当电路参数 $R$ 或 $C$ 改变时，电流、电压的波形如何变化？
2. 实验所测 $\tau$ 与计算结果是否一样？为什么？
3. 描绘出 $RC$ 充、放电实验过程的曲线。

## 阅读材料

### 数字式万用表

#### 1. 数字式万用表的结构与原理

数字式万用表内部采用了大规模集成电路，使其操作变得简单，测量精确度高，并具有较完善的过压、过流保护功能，各项技术性能都远高于模拟式万用表。

数字式万用表的结构与基本原理可用图 4-23 表示。其各方框部分的作用如下。

（1）衰减器：把被测信号衰减一定的幅度。

（2）$U_{AC}/U_{DC}$ 转换器：把交流电压（AC）转变成直流电压（DC）。

（3）$I_{DC}/U_{DC}$ 转换器：把直流电流转变成直流电压。

（4）$R_{DC}/U_{DC}$ 转换器：把直流电阻转变成直流电压。

（5）A/D 转换器：把模拟量（A）转变成数字量（D）。

（6）DVM：直流数字电压（详见阅读内容：数字电压表）。

由方框图可知，数字式万用表是把被测的交、直流量及电阻等转变成直流电压，经直流电压表内的单片大规模集成电路，把直流电压转变成数字信号，经计数器计数，再由十进制显示屏显示出被测量的大小。

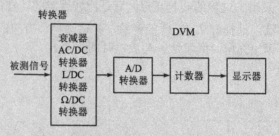

图 4-23 数字式万用表结构、原理方框图

## 2. 数字式万用表的使用

数字式万用表的种类很多，功能比较全的不仅可以测量交、直流量及电阻，还可以测量电容、电感、三极管的放大倍数。这里，我们介绍一种实验室常用的 DT—830 型数字式万用表的使用方法。

（1）DT—830 型数字万用表的面板布置。

如图 4-24 所示，DT—830 型数字万用表的面板各部件的功能如下。

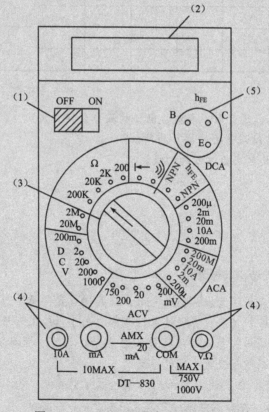

图 4-24 DT—830 型数字式万用表面板图

① 电源开关：OFF 为关，ON 为开。

② 显示屏：显示被测量的大小，最大显示功能为 1999 或–1999，有自动调零及极性显示功能。

③ 量程转换开关：开关所指各位置，其所测量分别为 ACA—交流电流，DCA—直流电流，ACV—交流电压，DCV—直流电压，Ω—电阻，$h_{FE}$—三极管放大倍数。

④ 输入插口：有"10A, mA, COM, V.Ω"四个孔。黑表笔插在"COM"孔内。红表笔插在"10A"孔内时，测量的最大电流为 10A，插在"mA"孔内时，测量的最大电流为 200mA，插在"V.Ω"孔内时，测量的交流电压不能超过 750V，直流电压不能超过 1000V。

⑤ $h_{FE}$ 插口：为测量三极管放大倍数的专用插口。

（2）DT—830 型数字式万用表的使用方法。

① 电压的测量：测电压时，电压表应并联在电路中，应根据被测量选择交流挡或直流挡；然后根据被测电压的大小，合理选用量程，不能用高量程去测低电压，否则测量误差会很大。

② 电流的测量：电流表应串联在电路中，将红表笔插入"mA"或"10A"孔内，选用适当的量程进行测量。

③ 电阻的测量：将红表笔插入"V.Ω"孔内，合理选用量程即可。

④ 电路通断的检查：将红表笔插在"V.Ω"孔内，量程开关选择声音显示符号处，用表笔探测电路。若蜂鸣器发出响声，则说明电路是通的，反之不通。

⑤ 测量二极管的极性及三极管的放大倍数请读者参阅《电子线路》或者《电子线路实验》，这里不作介绍。

## 数字式直流电压表

### 1. 数字式直流电压表简介

数字式直流电压表在数字式万用表中已经介绍并用到过。数字式电压表是多种仪表的基本组成部分。只要把电流、电阻、温度等不同的被测量经过转换器或传感器转换成直流量，输入给直流数字式电压表，就可构成不同的数字式仪表。

数字式电压表与模拟式电压表相比，数字式电压表具有精确度高，测量速度快，抗干扰能力强，自动化程度高，便于读数等优势。

数字式直流电压表的结构与基本工作原理可用图 4-25 表示，其中 A/D 表示模数转换。

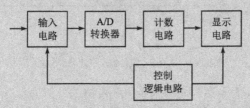

图 4-25 数字式直流电压表的结构和原理

常用的数字式直流电压表有斜波式数字电压表与逐次逼近比较式数字电压表。关于这两种仪表的工作原理，读者可参阅《电子线路实验》及《电子仪表与测量》等有关书籍。

### 2. 数字式电压表的使用方法

PZ—8 型数字式电压表是逐次逼近式数字电压表。以该表为例，对数字式电压表的使用方法介绍如下。

（1）面板布置。

如图 4-26 所示，（a）图是前面板，（b）图是后面板。

前面板上各部件如下：

① 电源开关及指示灯。

② 复位按钮：与采样方式开关配合使用。

③ 采样方式开关：共有六挡，每挡作用如下：

（a）"手动"挡：按一次复位钮，仪器测量一次。

（b）"最小"挡：仪器自动显示被测电压最小值。

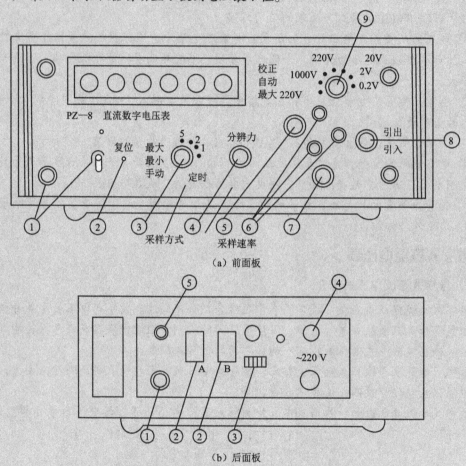

（a）前面板

（b）后面板

图 4-26　PZ—8 型直流数字电压表面板图

（c）"最大"挡：仪器自动显示被测电压最大值。

（d）"监视"（分辨力 1, 2, 5）挡：仪器自动显示被测电压值。分辨力 "1" 表示显示器所显示的电压值的末位数字在 0~9 范围内变化，"2" 表示末位数字在 0, 2, 4, 6, 8 中变化，"5" 表示末位数字在 0 与 5 两个数字之间变化。测量中合理调整分辨力，可避免末位数字的闪跳，获得稳定的测量结果。

（e）"定时"挡：仪器自动显示被测电压值，此时仪器的工作周期（测量一次所需的时间）由采样速率旋钮调节。

（f）"遥控"挡：将采样方式开关置于"手动"挡，遥控采样信号从仪器后面板的"遥控采样插座"输入。一个遥控脉冲信号，仪器测量一次，显示当时的电压值。

④ 采样速率旋钮：调节仪器的工作周期，范围为 20ms～10s。

⑤ 校正开关：与旁边的三个校正电位器组合使用，可进行零值校正、正基准电压校正和负基准电压校正。

⑥ 校正电位器。

⑦ 输入插座：被测电压信号由此插座接入仪器。仪器处于"0.2V"，"2V"挡量程时，输入阻抗大于 500Ω，其余挡量程均为 10MΩ。

⑧ 滤波开关：有"引入"、"引出"两挡，用以消除被测直流电压中较大的脉冲成分（干扰信号）。当量程开关置于"自动"挡时，滤波开关应置于"引入"挡。

⑨ 量程选择开关：有 0.2V，2V，20V，200V，1000V 五挡量程及自动挡（2V，20V，200V三挡）和校正挡。

后面板有：

① 输入插座：被测电压由此输入。

② 输出信号插座：输出被测电压。

③ 零线接地开关：用于控制仪器零线与仪器机壳（电源地线）的连接方式。

④ 20V 调零电位器。

⑤ 遥控采样插座。

（2）操作步骤。

① 开机预热片刻。

② 零位校正：将量程开关置于"校正"挡，滤波开关置于"引出"处，采样方式为"定时"，采样速率旋至最大，校正开关为"0"挡。用小螺丝刀调节零电位器，使显示屏读数为"+0.0000"或"−0.0000"交替出现，再转动量程开关使各挡量程显示为"0.0000"。否则，需要调整仪器内部相应的电位器。

③ 标准校正：将量程开关置于校正位置，向上扳动校正开关，进行正数校正，用螺丝刀调节校正电位器，使示值达到面板铭牌上规定的值（如"+1.0191"）；再向下扳动校正开关，可进行负数校正，应达到"−1.0191"。

④ 选择量程：若对被测电压值无法估计，可先置于 1000V 挡再逐步减小。

⑤ 采样方式：一般置于定时处，也可根据测量要求置于其他挡位。

⑥ 若被测电压中有交流成分，可将滤波开关置于"引入"位置，以减少干扰。

⑦ 仪器过载时，会显示出"19999"。

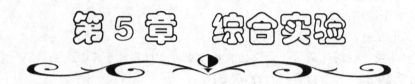

# 第 5 章　综合实验

本章进一步学习根据实验目的和要求，灵活运用所学知识来拟定实验方案，设计实验电路，进行数据处理和排除实验故障，这些都是对实验综合技能的锻炼和提高。

## 5.1　实验 19　直流电流表、电压表内阻的测定

### 预习

（1）了解单臂电桥的原理及使用。
（2）了解测量电阻的各种方法。

### 5.1.1　实验目的

（1）熟悉单臂电桥测量电阻的方法。
（2）掌握测量电阻的各种方法，设计测量仪表内阻的最佳方法。

### 5.1.2　实验器材

（1）直流单臂电桥（惠斯登电桥）　　　　　　　　一台
（2）欧姆表　　　　　　　　　　　　　　　　　　一只
（3）兆欧表　　　　　　　　　　　　　　　　　　一只
（4）直流电压表　　　　　　　　　　　　　　　　一只
（5）直流电流表　　　　　　　　　　　　　　　　一只
（6）直流电原　　　　　　　　　　　　　　　　　一只
（7）直流双臂电桥　　　　　　　　　　　　　　　一台

### 5.1.3　实验原理

#### 1. 直流单臂电桥（惠斯登电桥）

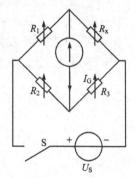

图 5-1　直流单臂电桥

直流单臂电桥适用于测量中值电阻（$1\Omega\sim0.1M\Omega$），如图 5-1 所示，其中 $R_x$ 为待测电阻，$R_1,R_2,R_3$ 是可调标准电阻。当电源接通后，调整 $R_1,R_2,R_3$ 使电桥平衡，$I_G=0$，则 $R_x=\dfrac{R_1}{R_2}R_3$。

#### 2. 欧姆表

欧姆表适用于测量中值电阻，万用表的电阻挡就是一个多量程的欧姆表。

欧姆表测电阻前应进行调零。另外不能用欧姆表直接测量带电电阻，以免烧坏表头。也不允许用欧姆表直接测量微安表及检流计的内阻，以免造成仪表损坏。

### 3. 兆欧表

兆欧表（摇表）是专门测量电工设备和供电线路的绝缘电阻（几十兆欧至几百兆欧）的仪表。绝缘电阻不能用普通欧姆表测量，因为表内电源电压较低，不能反映在高压下绝缘电阻的真实数值。

兆欧表主要由手摇直流发电机和磁电系电流表组成。使用兆欧表前需进行检查，当摇动发电机手柄达到额定转速 120r/min，测量端 "L" 和 "E" 未接被测电阻和短接时，指针应分别指在 "∞" 处和 "0" 处。测量时应根据电工设备的额定电压来选择兆欧表的额定电压等级。为了保证安全，兆欧表不能测量带电设备的绝缘电阻。对具有电容的高压设备，断电后还必须将设备放电。

### 4. 伏安法测量电阻

伏安法测电阻分电压表外接法及内接法两种。由于电流表的内阻不为零，电压表的内阻不是无穷大，故此法测电阻的误差较大。

### 5. 直流双臂电桥（参阅 QJ103 型直流双臂电桥说明书）

直流双臂电桥适于测量小电阻（11Ω以下）。使用双臂电桥时被测电阻的电流端钮和电位端钮应和电桥的对应端钮正确接线。连接导线应尽量短和粗，导线接头应接触良好，才能排除接线电阻和接触电阻的影响。此外为保证安全和足够的灵敏度，应选用适当的电源电压。

## 5.1.4  实验步骤

（1）用直流单臂电桥或直流双臂电桥测量微安级电流表的内阻。

（2）用欧姆表测量电压表的内阻。

（3）用伏安法测量电流表的内阻与电压表的内阻（要考虑电流表的 "内接" 与 "外接"）。

（4）用兆欧表测量电动机绕组对定子的绝缘电阻。

## 5.1.5  实验研究

（1）分别用直流电桥、欧姆表及伏安法测量微安表（微安表应串接一个限流电阻）、电压互感器、安培表的内阻，比较实验结果，说明怎样选用合理的方法去测量仪表的内阻。

（2）兆欧表测量绝缘电阻是在绝缘体上加了一定的高压后，再去测量其绝缘内阻的，万用表也可以测出兆欧级的电阻，但在测量时并没有加高压。所以两者在测量电阻时是有区别的，万用表只能测电阻而不能测量绝缘电阻。

（3）测量各种仪器仪表电阻时，应根据具体情况，选择测量方法，画出测量电路。

### 思考题

1. 怎样选择合理的方法去测量电流、电压表内阻？

2. 能用万用表测量绝缘体的电阻吗？为什么？

## 5.2 实验20 实际电源的两种电路模型

### 预习

（1）了解实际电源两种电路模型的有关内容。

（2）理解实际电源两种电路模型等效的概念。

### 5.2.1 实验目的

（1）掌握电阻箱的使用。

（2）理解电源外特性。

（3）深入理解实际电源的两种电路模型等效的概念。

### 5.2.2 实验器材

| | |
|---|---|
| （1）晶体管直流稳压电源（JWY—30B） | 1台 |
| （2）电阻箱（0～9999Ω，0.2A） | 2个 |
| （3）直流微安表（500μA） | 1只 |
| （4）直流电压表（1.5V/3.0V/7.5V，0.51A） | 1只 |
| （5）晶体管直流稳流电源 | 1台 |

### 5.2.3 实验原理

#### 1. 电源外特性

电源的外特性指的是电源端电压随负载电流的变化关系。由于理想的直流电流源的输出电流恒定不变，其端电压随着负载变化而变化，伏安特性曲线是一条平行于电压轴的直线。理想电压源的输出电压不变，其伏安特性曲线是一条平行于电流轴的直线。理想电流源、电压源的外特性如图5-2，图5-3所示。

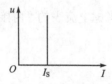

图5-2 电流源的外特性

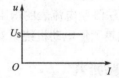

图5-3 电压源的外特性

#### 2. 实际电源的两种电路模型的等效变换

实际电源有两种电路模型，一种是理想电压源 $U_S$ 和 $R_0$ 串联；另一种是理想电流源 $I_S$ 与 $r_0$ 并联，当 $R_0 = r_0$ 且 $I_S = \dfrac{U_S}{R_0}$ 时，两种电源对外电路是等效的。

### 5.2.4 实验步骤

#### 1. 晶体管直流稳流源外特性的测试

按图5-4接线。调节晶体管直流稳流电源 $I_S$ 为 250μA，分别测量电阻箱电阻取值为 400Ω，

500Ω, 1000Ω, 2000Ω, 4000Ω, 8000Ω时流过电阻箱的电流 $I$，将实验数据填入表 5-1 中，根据 $U_{BA} = IR$ 算出电源端电压。

表 5-1 晶体管直流稳流源外特性测试实验数据

| 指定值 $R$（Ω） | | | | | |
|---|---|---|---|---|---|
| 测量值 $I$（μA） | | | | | |
| 计算值 $U_{BA}$（V） | | | | | |

### 2. 晶体管直流稳压源外特性的测试

按图 5-5 接线，调节 $U_S = 1.5\,\mathrm{V}$。分别测出电阻为 500Ω, 1000Ω, 2000Ω, 4000Ω, 8000Ω时的端电压 $U_{BA}$。将实验数据填入表 5-2 中，根据 $I = U_{BA} / R$ 算出 $R_L$ 的电流。

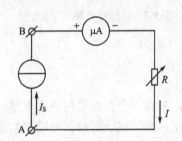

图 5-4 电流源外特性的测试电路

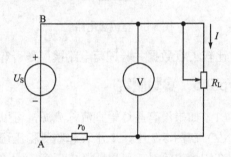

图 5-5 电压源外特性测试电路

表 5-2 晶体管直流稳压源外特性测试实验数据

| 指定值 $R$（Ω） | | | | | |
|---|---|---|---|---|---|
| 测量值 $U_{BA}$（V） | | | | | |
| 计算值 $I$（μA） | | | | | |

晶体管直流稳流电源、晶体管直流稳压电源的输出电流与输出电压，在一定范围内是理想的。在表 5-1 及表 5-2 中找出输出电流及电压基本不变的范围。

### 3. 实际电源两种电路模型的研究

（1）按图 5-6 接线，用调成 6000Ω的电阻箱作为 $R_0$，用另一只电阻箱作为负载电阻 $R_L$。调节稳流电源 $I_S = 250\mu A$，分别调整 $R_L$ 为 50Ω,100Ω,200Ω,400Ω,800Ω,2000Ω,4000Ω,8000Ω，测出 $I_L$，并计算出端电压 $U_{BA}$，分别填入表 5-3 中。

表 5-3 实际电源两种电路模型研究实验数据一

| 指定值 $R_L$(Ω) | | | | | |
|---|---|---|---|---|---|
| 测量值 $I_L$(μA) | | | | | |
| 计算值 $U_{BA}$(V) | | | | | |

（2）按图 5-7 接线，电压源 $U_S = I_S R_0 = 1.5\mathrm{V}$，串联电阻 $R_0 = 6000\Omega$（电阻箱）作为内阻，$R_L$ 分别调整为步骤（1）中数值，测出 $I_L$ 并计算出端电压 $U_{BA}$ 分别填入表 5-4 中。

表 5-4　实际电源两种电路模型研究实验数据二

| 指定值 $R_L(\Omega)$ | | | | | | | |
|---|---|---|---|---|---|---|---|
| 测量值 $I_L(\mu A)$ | | | | | | | |
| 计算值 $U_{BA}(V)$ | | | | | | | |

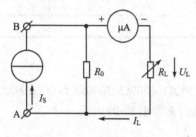

图 5-6　电流源电路

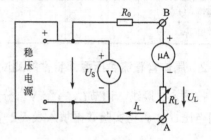

图 5-7　电压源电路

比较 $I, U$ 数据并验证两电路模型是否等效。

### 5.2.5　实验研究

（1）如果没有晶体管直流稳流源，可以参考电子线路，制作一个晶体管恒流源电路。

（2）在图 5-7 中，电压表起监测稳压源输出电压的作用；为了减小对测试电路参数的影响，在测量电流时，可以断开电压表。

（3）改变实验参数，找出电压源、电流源等效效果较好的参数范围。

### 思考题

1. 在实验 3 中，步骤（1）与（2）对应数据并不完全相同，为什么？
2. 在应用中常把实际的电流源、电压源作为理想的电源，为什么？

# 5.3　实验 21　热敏电阻温度计的制作

### 预习

（1）直流电桥平衡的条件。

（2）正温度系数敏电阻的特点。

### 5.3.1　实验目的

（1）了解热敏电阻的温度特性。

（2）掌握热敏电阻把温度变化转变成电流（电压）变化的原理，学习制作热敏电阻温度计。

### 5.3.2　实验器材

（1）热敏电阻　　　　　　　　　　1 只

（2）水银温度计　　　　　　　　　1 只

（3）冰块　　　　　　　　　　　　适量

（4）量杯　　　　　　　　　　1 个
（5）直流电桥　　　　　　　　1 组
（6）检流计　　　　　　　　　1 只
（7）记录温度的刻度盘　　　　1 个
（8）直流电源　　　　　　　　1 台
（9）酒精灯　　　　　　　　　1 盏

### 5.3.3　实验原理

　　如图 5-8 所示，当热敏电阻 $R_T$ 随温度而变化时，检流计的电流就会跟着变化。调节检流计读数为零（表示当前温度），将热敏电阻和温度计探头一起放入装有冰水混合液的量杯中，加热酒精灯，当温度升高时，电流计读数就会发生变化（在刻度盘记录温度上升时的读数）。温度降低时的实验怎样做，请读者自行设计。

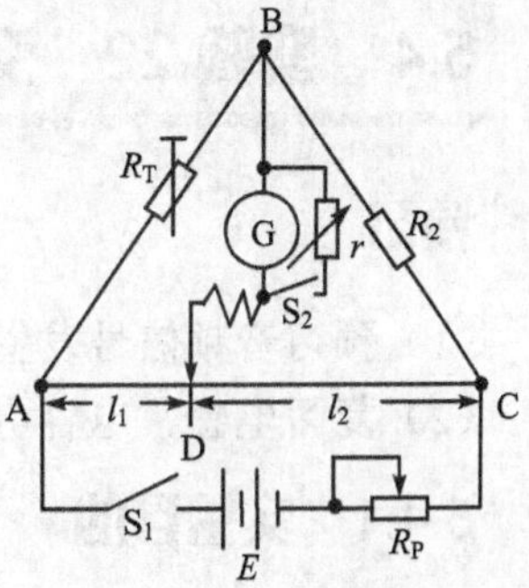

### 5.3.4　实验步骤

图 5-8　热敏电阻温度计原理图

　　（1）按图 5-8 安装电路（连接 $R_T$ 的导线要足够长）。
　　（2）把导线与 $R_T$ 的接头处做好绝缘处理（最好是用锡焊，然后浸泡在绝缘漆中，取出后烘干）。
　　（3）把热敏电阻 $R_T$ 及水银温度计的探头一起放入装有冰水混合液的量杯中，用酒精灯加热量杯。
　　（4）调节 $l_1$，$l_2$ 的长度，使检流计的读数在 $t = 0$ ℃时为零。
　　（5）记录温度升高时电流与温度的对应值，并将读数记录在表 5-5 中。
　　（6）根据表 5-5 在刻度盘上刻出温度刻度。

表 5-5　热敏电阻温度计的制作实验数据

| 温度（℃） | | | | | | | | |
|---|---|---|---|---|---|---|---|---|
| 电流（mA） | | | | | | | | |

### 5.3.5　实验研究

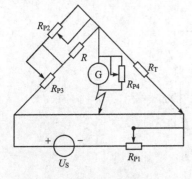

图 5-9　热敏电阻温度计电路

　　（1）在图 5-8 中，$R_2$ 最好用电阻箱，当 $t = 0$ ℃时，使 $R_2 = R_T$，$l_1 = l_2$，这样在 0 ℃时，D 点的位置正好在中间。
　　（2）如图 5-9 所示，调节 $R_{P3}$ 可以改变温度的测量范围，调 $R_{P2}$ 可以调整温度计的灵敏度。
　　（3）把水银温度计的探头与热敏电阻 $R_T$ 连在一起，可以提高热敏温度计刻度的准确性。
　　（4）把水银温度计的探头与热敏电阻 $R_T$ 连在一起，粘在冰箱冷冻室的门上，关上冰箱门（温度计的刻度留在门外），可以测冰点以下的温度，观察 0 ℃以下时电流计的示数。

**思考题**

1. 如何在常温下实现温度的升高与降低？
2. 温度刻度盘上的刻度是均匀的吗？为什么？
3. 你能否设计出一个实用的热敏电阻温度计？
4. 如果温度变化不大，但电流计指针偏转过大怎么办？

# 5.4 实验22 交流元件参数的测定

## 预习

（1）预习音频信号发生器及功率表的使用方法。
（2）复习电感、电容电路的特点。

### 5.4.1 实验目的

（1）学习用伏安功率表法测量电感线圈、电容器的参数。
（2）了解相量法、变频法的测量原理。
（3）掌握功率表、信号发生器、晶体管毫伏表的使用。

### 5.4.2 实验器材

（1）音频信号发生器                 1 台
（2）晶体管毫伏表                 1 个
（3）电压表                           1 个
（4）功率表                           1 个
（5）实验线路板                1 块（其中 $R_1 = 51\Omega$，$R_2 = 100\Omega$，$C=47\mu F$；
空芯电感线圈，其电阻约为几欧，电感约为5mH）

### 5.4.3 实验原理

**1. $L, C$ 元件的伏安特性**

在图 5-10 中，可分别测出电压 $U$、电流 $I$ 及功率 $P$，根据有关公式，可分别求得 $R, L, C$ 等参数。

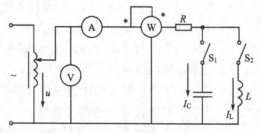

图 5-10 交流元件参数测量的原理电路

（1）感性电路。

在 $RL$ 串联电路中，元件的参数关系如下：

$$|Z| = \frac{U}{I}$$

$$\cos\varphi = \frac{P}{UI}$$

$$R = |Z|\cos\varphi$$

$$L = \frac{X_L}{\omega} = \frac{|Z|\sin\varphi}{\omega}$$

（2）容性电路。

在容性电路中，元件的参数关系如下：

$$|Z| = \frac{U}{I}$$

$$\cos\varphi = \frac{P}{UI}$$

$$R = |Z|\cos\varphi$$

$$C = \frac{1}{\omega X_C} = \frac{1}{2\pi f |Z|\sin\varphi}$$

以上各式中的电流、电压均为有效值，并且电阻、电感、电容都视为理想元件。

### 2. 用间接法测电流

实验电路如图 5-11 所示，电流的测量采用间接测量法，用电子管毫伏表测量电阻（$r=1\Omega$）上的电压，再换算成电流，因 $U_r = I_r r$，所以毫伏表的读数就是电流值。

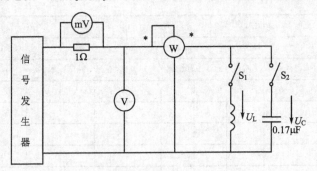

图 5-11　交流元件参数测量的实验电路

### 5.4.4　实验步骤

按图 5-11 接线，分别闭合 $S_1$，$S_2$，测出各元件上的电压、电流和功率。

### 1. 闭合 $S_1$ 接成感性电路

（1）保持 $f$=3000Hz，测出 4V，6V，8V，10V 下的 $I_L$（即 $U_r$），$U_L$ 及 $P$ 并记入表 5-6（a）中。按以下公式求出 $Z, R, L$。

$$|Z| = \frac{U_L}{I_L}$$

$$R = |Z|\cos\varphi$$

$$L = \frac{X_L}{\omega} = \frac{|Z|\sin\varphi}{\omega}$$

（2）保持信号发生器电压为 4V，使频率由 500Hz 变到 5000Hz；测出 $I_L$ 及 $U_L$，求出 $I$ 及电感的等效电阻 $R$。

**2. 闭合 $S_2$ 接成容性电路**

（1）保持 $f$=2000Hz，测出 4V，6V，8V，10V 下的 $I_C$（即 $U_r$），$U_C$ 及 $P$，求出 $C$ 及电容的等效电阻 $R$，记入表 5-6（a）中。

表 5-6（a）　　$L, C$ 元件的伏安特性实验数据一

| 项　目 | | RL 串联电路 | | | | | | RC 串联电路 | | | | | |
|---|---|---|---|---|---|---|---|---|---|---|---|---|---|
| | | 标称 $L$= | | | | | | 标称 $C$= | | | | | |
| | | 取 $f$=3000Hz | | | | | | $f$=2000Hz | | | | | |
| | | $U_L$ | $I_L$ | $P$ | $R$ | $L$ | $X_L$ | $U_C$ | $I_C$ | $P$ | $R$ | $C$ | $X_C$ |
| 顺序 | 1 | | | | | | | | | | | | |
| | 2 | | | | | | | | | | | | |
| | 3 | | | | | | | | | | | | |
| | 4 | | | | | | | | | | | | |

（2）保持信号发生器电压为 4V，使频率从 500Hz 变到 5000Hz；测出 $I_C, U_C$ 及 $P$，求出 $C, R$，记入表 5-6（b）中。

表 5-6（b）　　$L, C$ 元件的伏安特性实验数据二

| 项　目 | | RL 串联电路 | | | | | | | RC 串联电路 | | | | | | |
|---|---|---|---|---|---|---|---|---|---|---|---|---|---|---|---|
| | | 标称 $L$= | | | | | | | 标称 $C$= | | | | | | |
| | | 测试记录 | | | 计算结果 | | | | 测试记录 | | | 计算结果 | | | |
| | | $f$ | $U_L$ | $I_L$ | $P$ | $R$ | $L$ | $X_L$ | $f$ | $U_C$ | $I_C$ | $P$ | $R$ | $C$ | $X_C$ |
| 顺序 | 1 | | | | | | | | | | | | | | |
| | 2 | | | | | | | | | | | | | | |
| | 3 | | | | | | | | | | | | | | |
| | 4 | | | | | | | | | | | | | | |

### 5.4.5　实验研究

（1）将电压表、毫伏表及功率表分别单独接入电路中，这样会减小仪表的阻抗对电路的影响。

（2）测电感及电容的等效电阻时，功率表的读数会很小，造成的误差会很大。测量时，可在 $L$ 或 $C$ 的电路上串联一个适当的大功率电阻 $R_1$，适当的调高电压。若间接测得的电阻为 $R$，则 $R_L = R - R_1$，$R_C = R - R_1$。

比较"5.4.4 实验步骤"与"5.4.5 实验研究"的实验结果。想一想，测量电路有没有进一步改进的可能，若有，请尝试一下。

**思考题**

1. 测量数据计算的 $L$ 和 $C$ 与标称值是否一致？为什么？
2. 说明 $f$ 变化后，对参数 $R, L, C$ 的影响。
3. $L, C$ 元件在交流和直流电路中的作用有什么不同？

# 5.5　实验 23　网络阻抗性质判定及参数测定

## 预习

（1）熟悉容性电路、感性电路电流与电压的相位关系。
（2）了解双踪示波器测量相位差的方法。
（3）了解低频信号发生器及毫伏表的使用。

### 5.5.1　实验目的

（1）学习"黑箱"阻抗性质的判定及参数的测量方法。
（2）进一步掌握低频信号发生器、毫伏表和示波器的使用。

### 5.5.2　实验器材

（1）双踪示波器　　　　　　　　　　1 台
（2）信号发生器　　　　　　　　　　1 台
（3）毫伏表　　　　　　　　　　　　1 台
（4）交流电流表　　　　　　　　　　1 只
（5）交流电压表　　　　　　　　　　1 只
（6）功率因数表　　　　　　　　　　1 只
（7）自耦调压器　　　　　　　　　　1 台

### 5.5.3　实验原理

（1）在单相交流电路中，若电压超前电流，电路为感性电路；若电流超前电压，电路为容性电路。

（2）相位差的测量。测量两个同频率正弦量之间的相位差时，可以用双踪示波器，把"内触发、拉 $Y_B$"开关拉出，触发取"内触发"方式，将两信号分别自 $Y_A$，$Y_B$ 两插座输入，并调节两通道的灵敏度 V/div 及微调旋钮，使两波形幅度相等，此时

$$\varphi = \frac{\varphi 在 X 轴上的格数}{\pi 相位在 X 轴上的格数} \times \pi$$

即为两信号的相位差。

### 5.5.4　实验步骤

（1）按图 5-12 接线并检查无误后，方可通电实验。将测量数据填入表 5-7 中。
（2）按图 5-13 接线。用双踪示波器测量电压与电流（与 $U_R$，同相位）的相位差。
当电压超前电流时，则等效电感

$$L = \frac{X}{2\pi f}$$

式中 $X$ 为网络的电抗。

当电压滞后电流时，则等效电容

$$C = \frac{1}{2\pi f X}$$

表 5-7　网络阻抗性质判定及参数测定实验数据

| 测量数据 | $U$（V） | $I$（mA） | $P$（W） |
|---|---|---|---|
| | | | |
| $R = \dfrac{P}{I^2}$ | $Z = \dfrac{U}{I}$ | $C=$　或 $L=$ | $X = \sqrt{Z^2 - R^2}$ |

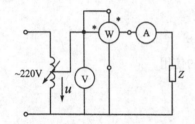

图 5-12　网络参数的测量电路

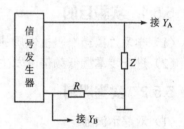

图 5-13　网络性质的测量电路

### 5.5.5　实验研究

通过图 5-12，图 5-13 的实验，可测出电路的等效电阻与等效电感（或电容）。

在实际电路中很可能既有电感，又有电容。怎样测出其等效电感与等效电容呢？

在图 5-12 中，先测出电阻 $R(R = P/I^2)$，记录此时的 $f_1, U_1, I_1$。改变电源频率为 $f_2$，记录此时的 $f_2, U_2, I_2$。

则可得到（设此时电路的等效模型为 $R, L, C$ 串联）

$$|Z_1| = \frac{U_1}{I_1} = \sqrt{R^2 + (2\pi f_1 L - \frac{1}{2\pi f_1 C})^2}$$

$$|Z_2| = \frac{U_2}{I_2} = \sqrt{R^2 + (2\pi f_2 L - \frac{1}{2\pi f_2 C})^2}$$

解关于 $L, C$ 的联立方程，即可求得参数 $L, C$。

### 思考题

电压表、电流表及功率表的连接方式有哪几种？对测量结果有何影响？

## 5.6  实验 24  万用表的组装与调试

### 预习

（1）学习基本焊接工艺。

（2）了解万用表的工作原理、结构及使用方法。

### 5.6.1  实验目的

（1）学习设计万用表电流、电压挡的测量电路。

（2）理解万用表电阻挡的测量电路。

（3）熟悉万用表的工作原理、结构及使用方法。学习装配调试万用表，提高实际操作技能。

### 5.6.2  实验器材

| | |
|---|---|
| （1）MF47 万用表组件 | 1 套 |
| （2）数字万用表 | 各 1 块 |
| （3）电烙铁、松香、焊锡丝 | |
| （4）滑线变阻器 | 2 个 |
| （5）标准电阻箱 | 1 个 |
| （6）单刀双掷开关 | 1 个 |
| （7）单臂电桥 | 1 个 |
| （8）单相调压器 | 1 台 |

### 5.6.3  实验原理

#### 1. 万用表简介

万用表由表头、测量电路及转换开关三部分组成。如何选择测量电路及元件参数是装配万用表的关键。设计万用表电路时应知道表头参数（表头灵敏度及内阻）。然后根据表头参数和万用表的技术指标来设计测量电路。以 MF47 型万用表为例，其表头参数 $I_P = 46.2\mu A$，$R_P = 2.5k\Omega$，那么就可以据此计算出各挡应接入的分流电阻和附加电阻值。在组装时应考虑各元件尽量共用以简化电路。万用表直流电压挡采用共用式分压电路，电流挡采用闭路式分流电路，而欧姆挡的中心电阻、电源内阻及调零电阻的接法也应考虑到。万用表的电阻一般为线绕电阻和碳膜电阻，分流电阻和小电阻多用线绕电阻，而附加电阻及大电阻用碳膜电阻。

#### 2. 万用表的校准

万用表装配好以后，需校准其各挡准确度，校准一般采用对比法，即用标准表或标准电阻与被校表进行校准。校准前要先将指针调至零位。校准电阻挡应先调节调零电位器，看各挡是否都能调到零位，再用接近中心阻值的标准电阻来校验各挡。

### 5.6.4 实验步骤

#### 1. 万用表的装配

根据原理图 5-14 及印刷电路图 5-15 安装万用表。

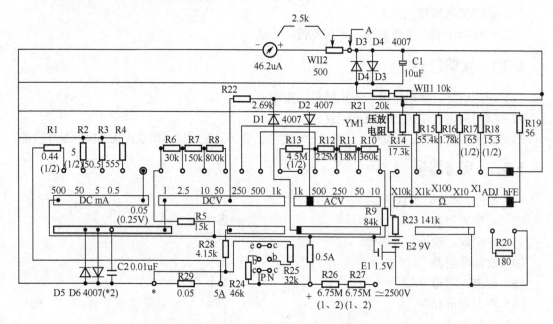

图 5-14　MF47 万用表原理图

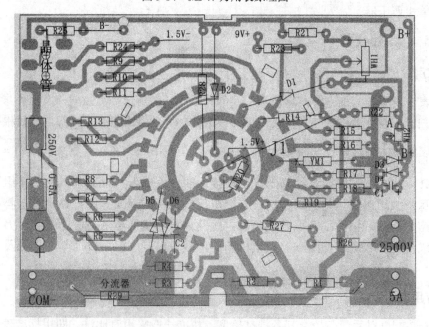

图 5-15　M47 印刷电路

（1）先将表头和转换开关固定在表壳上。

（2）安装电位器和可调电阻及接线柱。

（3）焊接电路元件。焊接时应避免出现虚焊或脱焊，二极管及电解电容的极性不要接反。

（4）装上电池及熔断器。

**2. 校准各挡准确度（校准方法见"实验研究"）**

### 5.6.5  实验研究

（1）为了提高万用表的安装质量，减少调试困难，在安装元件前，应对所有元件进行测量与筛选。

（2）电阻挡的调整。

选择"R×1"挡，用电阻箱选择标准电阻 10Ω，并用自制万用表进行测量。若指针偏离 10Ω，则用另一电阻箱替换并调节 R18，再用调节后的电阻值换下图 5-14 中的 R18。

用上面的方法分别测量 100Ω, 1kΩ, 100kΩ, 1MΩ 的电阻，对电路进行调试（每次调试前都应先调零）。

（3）如图 5-16 所示，用数字万用表检测出 0.7V, 1.7V, 7V, 35V, 170V, 350V, 700V 的电压，用自制的万用表进行测量。若所测数据不准，则用调测电阻的方法对相应的电阻进行调试。

（4）如图 5-17 所示，用数字表检测出 0.35mA, 3.5mA, 35mA, 350mA 的电流，并用自制的万用表进行测量，若所测不准，则调试相应的电阻。

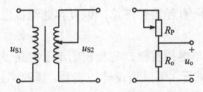
图 5-16  自耦变压器的变压输出电路

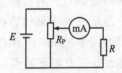
图 5-17  直流电流测试电路

（5）直流电压挡的调试请读者自己设计调试电路，制定调试方案。

（6）若某万用表的直流电流挡为 100mA, 10mA, 0.5mA，直流电压挡为 400V, 200V, 50V, 5V，请设计出这两个测量电路。

### 思考题

1. 万用表各挡电路电阻应如何计算？
2. 怎样调试较小的电流及交流电压？
3. 怎样调试直流电压挡？

# 第6章 电路仿真实验

NI Multisim 10 是美国国家仪器公司（National Instruments，NI）最新推出的 Multisim 版本。

NI Multisim 10 用软件的方法虚拟电子与电工元器件，虚拟电子与电工仪器和仪表，实现了"软件即元器件"、"软件即仪器"。NI Multisim 10 是一个原理电路设计、电路功能测试的虚拟仿真软件。

NI Multisim 10 可以设计、测试和演示各种电子电路，包括模拟电路、数字电路、射频电路及微控制器和接口电路等。可以对被仿真的电路中的元器件设置各种故障，如开路、短路和不同程度的漏电等，从而观察不同故障情况下的电路工作状况。在进行仿真的同时，软件还可以存储测试点的所有数据，列出被仿真电路的所有元器件清单，以及存储测试仪器的工作状态、显示波形和具体数据等。

利用 NI Multisim 10 可以实现计算机仿真设计与虚拟实验，与传统的电子电路设计与实验方法相比，具有如下特点：设计与实验可以同步进行，可以边设计边实验，修改调试方便；设计和实验用的元器件及测试仪器仪表齐全，可以完成各种类型的电路设计与实验；可方便地对电路参数进行测试和分析；可直接打印输出实验数据、测试参数、曲线和电路原理图；实验中不消耗实际的元器件，实验所需元器件的种类和数量不受限制，实验成本低，实验速度快，效率高；设计和实验成功的电路可以直接在产品中使用。

本章仅对 NI Multisim 10 在《电工基础》课程中的仿真实验进行介绍，更多功能在后续课程中学习。为叙述方便，后文"NI Multisim"全部省略为"Multsim"。

## 6.1 Multisim 的基本界面

### 6.1.1 Multisim 的主窗口

单击"开始"→"程序"→"National Instruments"→"Circuit Design Suite 10.0"→"Multisim"，启动 Multisim 10，可以看到图 6-1 所示的 Multisim 的主窗口。

从图 6-1 可以看出，Multisim 的主窗口如同一个实际的电子实验台。屏幕中央区域最大的窗口就是电路工作区，在电路工作区中可将各种电子元器件和测试仪器仪表连接成实验电路。电路工作区窗口上方是菜单栏、工具栏。从菜单栏可以选择电路连接、实验所需的各种命令。工具栏包含了常用的操作命令按钮。通过鼠标操作即可方便地使用各种命令和实验设备。电路工作区窗口两边是元器件栏和仪器仪表栏。元器件栏存放着各种电子元器件，仪器仪表栏存放着各种测试仪器仪表，用鼠标操作可以很方便地从元器件和仪器库中，提取实验所需的各种元器件及仪器仪表到电路工作区窗口并连接成实验电路。按下电路工作区窗口上方的“启动/停止”按钮或“暂停/恢复”按钮可以方便地控制实验的进程。

Circuit1 - Multisim - [Circuit1 *]
File Edit View Place MCU Simulate Transfer Tools Reports Options Window Help
2
V1
12V
0
S2
Key=Space
1
X1
12V_10W
Circuit1 *
Tran: 122.545 s

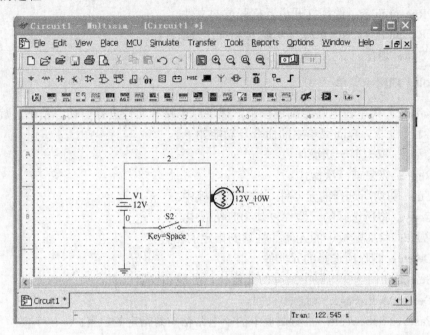

图 6-1　multisim10 的主窗口

### 6.1.2　Multisim 菜单栏

Multisim 10 有 12 个主菜单，如图 6-2 所示，菜单中提供了本软件几乎所有的功能命令，下面对部分菜单功能进行介绍。

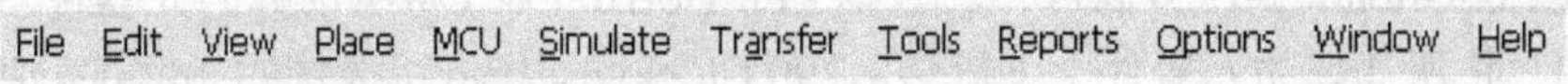

File Edit View Place MCU Simulate Transfer Tools Reports Options Window Help

图 6-2　Multisim 10 的主菜单

#### 1. File（文件）菜单

File（文件）菜单提供 19 个文件操作命令，如打开、保存和打印等， 部分 File 菜单中的命令及功能如下。

（1）New：建立一个新文件。

（2）Open：打开一个已存在的*.msm10、*.msm9、*.msm8、*.msm7、*.ewb 或*.utsch 等格式的文件。

（3）Close：关闭当前电路工作区内的文件。

（4）Close All：关闭电路工作区内的所有文件。

（5）Save：将电路工作区内的文件以*.msm10 的格式存盘。

（6）Save as：将电路工作区内的文件另存为一个文件，仍为*.msm10 格式。

（7）Save All：将电路工作区内所有的文件以*.msm10 的格式存盘。

（8）Print：打印电路工作区内的电原理图。

（9）Print Preview：打印预览。

（10）Print Options：包括 Print Setup（打印设置）和 Print Instruments（打印电路工作区内的仪表）命令。

（11）Recent Files：选择打开最近打开过的文件。

（12）Recent Projects：选择打开最近打开过的项目。

（13）Exit：退出。

### 2. Edit（编辑）菜单

Edit（编辑）菜单在电路绘制过程中，提供对电路和元件进行剪切、粘贴、旋转等操作命令，共 21 个命令，Edit 菜单中的命令及功能如下。

（1）Undo：取消前一次操作。

（2）Redo：恢复前一次操作。

（3）Cut：剪切所选择的元器件，放在剪贴板中。

（4）Copy：将所选择的元器件复制到剪贴板中。

（5）Paste：将剪贴板中的元器件粘贴到指定的位置。

（6）Delete：删除所选择的元器件。

（7）Select All：选择电路中所有的元器件、导线和仪器仪表。

（8）Delete Multi-Page：删除多页面。

（9）Paste as Subcircuit：将剪贴板中的子电路粘贴到指定的位置。

（10）Find：查找电原理图中的元件。

（11）Graphic Annotation：图形注释。

（12）Order：顺序选择。

（13）Assign to Layer：图层赋值。

（14）Layer Settings：图层设置。

（15）Orientation：旋转方向选择。包括 Flip Horizontal（将所选择的元器件左右旋转），Flip Vertical（将所选择的元器件上下旋转），90 Clockwise（将所选择的元器件顺时针旋转 90 度），90 CounterCW（将所选择的元器件逆时针旋转 90 度）。

（16）Title Block Position：工程图明细表位置。

（17）Edit Symbol/Title Block：编辑符号/工程明细表。

（18）Font：字体设置。

（19）Comment：注释。

（20）Forms/Questions：格式/问题。

（21）Properties：属性编辑。

### 3. View（窗口显示）菜单

View（窗口显示）菜单提供 19 个用于控制仿真界面上显示的内容的操作命令，View 菜单中的命令及功能如下。

（1）Full Screen：全屏。

（2）Parent Sheet：层次。

（3）Zoom In：放大电原理图。

（4）Zoom Out：缩小电原理图。

（5）Zoom Area：放大面积。

（6）Zoom Fit to Page：放大到适合的页面。

（7）Zoom to magnification：按比例放大到适合的页面。

（8）Zoom Selection：放大选择。

（9）Show Grid：显示或者关闭栅格。

（10）Show Border：显示或者关闭边界。

（11）Show Page Border：显示或者关闭页边界。

（12）Ruler Bars：显示或者关闭标尺栏。

（13）Statusbar：显示或者关闭状态栏。

（14）Design Toolbox：显示或者关闭设计工具箱。

（15）Spreadsheet View：显示或者关闭电子数据表。扩展显示窗口。

（16）Circuit Description Box：显示或者关闭电路描述工具箱。

（17）Toolbar：显示或者关闭工具箱。

（18）Show Comment/Probe：显示或者关闭注释/标注。

（19）Grapher：显示或者关闭图形编辑器。

### 4．Place（放置）菜单

Place（放置）菜单提供在电路工作窗口内放置元件、连接点、总线和文字等 17 个命令，部分 Place 菜单中的命令及功能如下。

（1）Component：放置元件。

（2）Junction：放置节点。

（3）Wire：放置导线。

（4）Connectors：放置输入/输出端口连接器。

（5）Text：放置文字。

（6）Grapher：放置图形。

（7）Title Block：放置工程标题栏。

### 5．Simulate（仿真）菜单

Simulate（仿真）菜单提供 18 个电路仿真设置与操作命令，部分 Simulate 菜单中的命令及功能如下。

（1）Run：开始仿真。

（2）Pause：暂停仿真。

（3）Stop：停止仿真。

（4）Instruments：选择仪器仪表。

（5）Clear Instrument Data：清除仪器数据。

### 6．Windows（窗口）菜单

Windows（窗口）菜单提供 9 个窗口操作命令，Windows 菜单中的命令及功能如下。

（1）New Window：建立新窗口。

（2）Close：关闭窗口。

（3）Close All：关闭所有窗口。

（4）Cascade：窗口层叠。

（5）Tile Horizontal：窗口水平平铺。

（6）Tile Vertical：窗口垂直平铺。

（7）Windows...：窗口选择。

### 7．Help（帮助）菜单

Help（帮助）菜单为用户提供在线技术帮助和使用指导，Help 菜单中的命令及功能如下。

（1）Multisim Help：主题目录。

（2）Components Reference：元件索引。

（3）Release Notes：版本注释。

（4）Check For Updates...：更新校验。

（5）File Information...：文件信息。

（6）Patents...：专利权。

（7）About Multisim：有关 Multisim 的说明。

## 6.1.3　Multisim 工具栏

Multisim 常用工具栏如图 6-3 所示，工具栏各图标名称及功能说明如下。

图 6-3　Multisim10 的常用工具栏

新建：清除电路工作区，准备生成新电路。

打开：打开电路文件。

存盘：保存电路文件。

打印：打印电路文件。

剪切：剪切至剪贴板。

复制：复制至剪贴板。

粘贴：从剪贴板粘贴。

旋转：旋转元器件。

全屏：电路工作区全屏。

放大：将电路图放大一定比例。

缩小：将电路图缩小一定比例。

放大面积：放大电路工作区面积。

适当放大：放大到适合的页面。

## 6.1.4　Multisim 的元器件库

Multisim10 提供了丰富的元器件库，元器件库栏图标和名称如图 6-4 所示。

用鼠标左键单击元器件库栏的某一个图标即可打开该元件库。元器件库中的部分图标所表示的元器件含义以及这些元器件的详细功能和使用方法将在后面介绍。

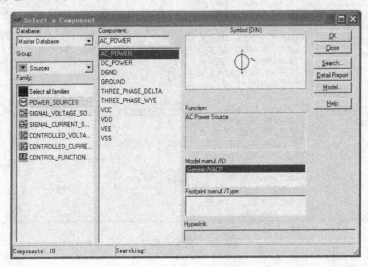

图 6-4　Multisim10 的元器件库工具栏

### 1. 电源/信号源库

电源/信号源库包含有接地端、直流电压源（电池）、正弦交流电压源、方波（时钟）电压源、压控方波电压源等多种电源与信号源。电源/信号源库如图 6-5 所示。

图 6-5　电源/信号源库

### 2. 基本器件库

基本器件库包含有电阻、电容等多种元件。基本器件库中的虚拟元器件的参数是可以任意设置的，非虚拟元器件的参数是固定的，但是可以选择的。基本器件库如图 6-6 所示。

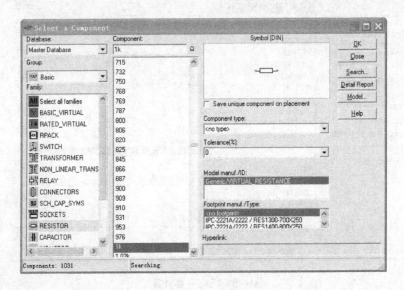

图 6-6　基本器件库

### 3. 指示器件库

指示器件库包含有电压表、电流表、七段数码管等多种器件。指示器件库如图6-7所示。

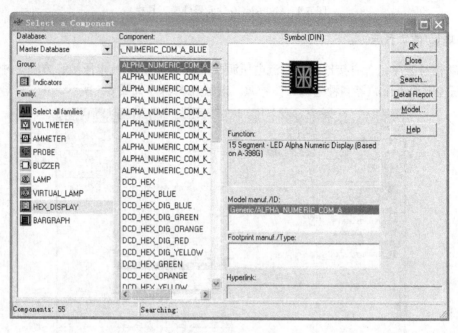

图6-7  指示器件库

### 4. 机电类器件库

机电类器件库包含有开关、继电器等多种机电类器件。机电类器件库如图6-8所示。

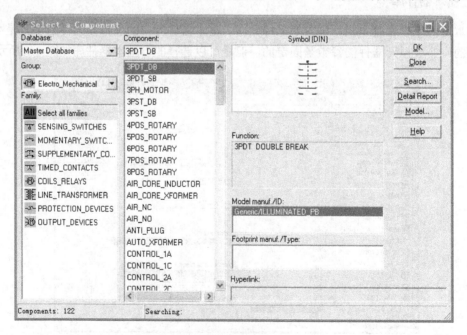

图6-8  机电类器件库

### 6.1.5　Multisim 的仪器仪表库

仪器仪表库的图标及功能如图 6-9 所示，有关仪器仪表的使用在下文 6.4.1 节和相关实验中介绍。

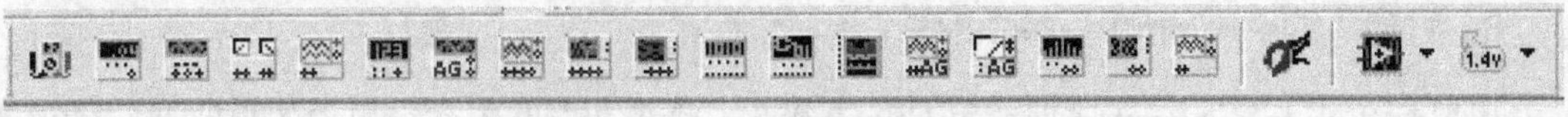

图 6-9　Multisim10 的仪器仪表库工具栏

## 6.2　Multisim 的基本操作

### 6.2.1　文件（File）的基本操作

与 Windows 一样，用户可以用鼠标或快捷键打开 Multisim 的 File 菜单。使用鼠标可按以下步骤打开 File 菜单：（1）将鼠标指针指向主菜单 File 项；（2）单击鼠标左键，此时，屏幕上出现 File 子菜单。Multisim 的大部分功能菜单也可以采用相应的快捷键进行快速操作。

#### 1.　新建（File→New）——Ctrl+N

用鼠标单击 File→New 选项或用 Ctrl+N 快捷键操作，打开一个无标题的电路窗口，可用它来创建一个新的电路。

当启动 Multisim 时，将自动打开一个新的无标题的电路窗口。在关闭当前电路窗口前将提示是否保存它。

用鼠标单击工具栏中的"新建"图标，等价于此项菜单操作。

#### 2.　打开（File→Open）——Ctrl+O

用鼠标单击 Open 选项或用 Ctrl+O 操作，打开一个标准的文件对话框，选择所需要的存放文件的驱动器/文件目录或磁盘/文件夹，从中选择电路文件名用鼠标单击，则该电路便显示在电路工作窗口中。

用鼠标单击工具栏中的"打开"图标，等价于此项菜单操作。

#### 3.　关闭（File→Close）

用鼠标单击 File→Close 选项，关闭电路工作区内的文件。

#### 4.　保存（File→Save）——Ctrl+S

用鼠标单击 File→Save 选项或用 Ctrl+S 操作，以电路文件形式保存当前电路工作窗口中的电路。对新电路文件保存操作，会显示一个标准的保存文件对话框，选择保存当前电路文件的目录/驱动器或文件夹/磁盘，键入文件名，按下保存按钮即可将该电路文件保存。

用鼠标单击工具栏中的"保存"图标，等价于此项菜单操作。

**5. 文件换名保存（File→Save As）**

用鼠标单击 File→Save As 选项，可将当前电路文件换名保存，新文件名及保存目录/驱动器均可选择。原存放的电路文件仍保持不变。

**6. 打印（File→Print）——Ctrl+P**

用鼠标单击 File→Print 选项或用 Ctrl+P 操作，将当前电路工作窗口中的电路及测试仪器进行打印操作。必要时，在进行打印操作之前应完成打印设置工作。

**7. 打印设置（File→Print Options→Print Circuit Setup）**

用鼠标单击 File→Print Circuit Setup 选项，显示一个标准的打印设置对话框，从中选择各打印的参数进行设置。打印设置内容主要有打印机选择、纸张选择、打印效果选择等。

**8. 退出（File→Exit）**

用鼠标单击 File→Exit 选项，关闭当前的电路退出 Multisim。如果你在上次保存之后作过电路修改，在关闭窗口之前，将会提示你是否再保存电路。

### 6.2.2 编辑（Edit）的基本操作

编辑（Edit）菜单是 Multisim 用来控制电路及元器件的菜单。菜单中：

**1. 顺时针旋转（Edit→Orientation→90 Clockwise）——Ctrl+R**

用鼠标单击 Edit→90 Clockwise 选项或进行 Ctrl＋R 操作，将所选择的元器件顺时针旋转 90°，与元器件相关的文本，例如标号、数值和模型信息可能重置，但不会旋转。

**2. 逆时针旋转（Edit→Orientation→90 CounterCW）——Shift+Ctrl+R**

用鼠标单击 Edit→90 CounterCW 选项或进行 Shift+Ctrl+R 操作，将所选择的元器件逆时针旋转 90°，与元器件相关的文本，例如标号、数值和模型信息可能重置，但不会旋转。

**3. 水平反转（Edit→Orientation→Flip Horizontal）**

用鼠标单击 Edit→Flip Horizontal 选项，将所选元器件以纵轴为轴翻转 180°，与元器件相关的文本，例如标号、数值和模型信息可能重置、翻转。

**4. 垂直反转（Edit→Orientation→Flip Vertical）**

用鼠标单击 Edit→Flip Vertical 选项，将所选元器件以横轴为轴翻转 180°，与元器件相关的文本，例如标号、数值和模型信息可能重置、翻转。

**5. 元件属性（Edit→Properties）——Ctrl+M**

选中元器件，用鼠标单击 Edit→Properties 选项或进行 Ctrl+M 操作，弹出该元器件的特性对话框。用鼠标双击所选元器件也可以。其对话框中的选项与所选的元器件类型有关。使用该对话框，可对元器件的标签、编号、数值、模型参数等进行设置与修改。

## 6.3 电路创建的基础

### 6.3.1 元器件的操作

#### 1. 元器件的选用

选用元器件时，首先在元器件库栏中用鼠标单击包含该元器件的图标，打开该元器件库。然后在选中的元器件库对话框中（如图 6-6 所示基本器件库对话框），用鼠标单击该元器件，然后单击"OK"按钮，用鼠标拖曳该元器件到电路工作区的适当地方即可。

#### 2. 选中元器件

在连接电路时，要对元器件进行移动、旋转、删除、设置参数等操作，这就需要先选中该元器件。要选中某个元器件可使用鼠标的左键单击该元器件，被选中的元器件的四周出现 4 个黑色小方块（电路工作区为白底），便于识别。对选中的元器件可以进行移动、旋转、删除、设置参数等操作。用鼠标拖曳形成一个矩形区域，可以同时选中在该矩形区域内包围的一组元器件。

要取消某一个元器件的选中状态，只需单击电路工作区的空白部分即可。

#### 3. 元器件的移动

用鼠标的左键单击该元器件（左键不松手），拖曳该元器件即可移动该元器件。

要移动一组元器件，必须先用前述的矩形区域方法选中这些元器件，然后用鼠标左键拖曳其中的任意一个元器件，则所有选中的部分就会一起移动。元器件被移动后，与其相连接的导线就会自动重新排列。

选中元器件后，也可使用箭头键使之做微小的移动。

#### 4. 元器件的旋转与反转

对元器件进行旋转或反转操作，需要先选中该元器件，然后单击鼠标右键或者选择菜单中的 Edit，选择菜单中的 Flip Horizontal（将所选择的元器件左右旋转）、Flip Vertical（将所选择的元器件上下旋转）、90 Clockwise（将所选择的元器件顺时针旋转 90 度）、90 CounterCW（将所选择的元器件逆时针旋转 90 度）等菜单栏中的命令。也可使用 Ctrl 键实现旋转操作。Ctrl 键的定义标在菜单命令的旁边。

#### 5. 元器件的复制、删除

对选中的元器件，进行元器件的复制、移动、删除等操作，可以单击鼠标右键或者使用菜单 Edit→Cut（剪切）、Edit→Copy（复制）和 Edit→Paste（粘贴）、Edit→Delete（删除）等菜单命令实现元器件的复制、移动、删除等操作。

#### 6. 元器件标签、编号、数值、模型参数的设置

在选中元器件后，双击该元器件，或者选择菜单命令 Edit→Properties（元器件特性）会弹出相关的对话框，可供输入数据。

器件特性对话框具有多种选项可供设置，包括 Label（标识）、Display（显示）、Value（数

值）、Fault（故障设置）、Pins（引脚端）、Variant（变量）等内容。电容器件特性设置对话框如图 6-10 所示。

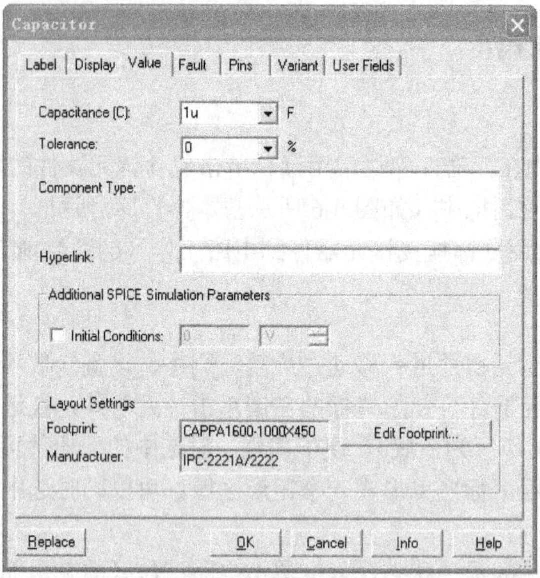

图 6-10　电容器件特性设置

（1）Label（标识）。

Label（标识）选项的对话框用于设置元器件的 Label（标识）和 RefDes（编号）。

RefDes（编号）由系统自动分配，必要时可以修改，但必须保证编号的惟一性。注意连接点、接地等元器件没有编号。在电路图上是否显示标识和编号可由 Options 菜单中的 Global Preferences（设置操作环境）的对话框设置。

（2）Display（显示）。

Display（显示）选项用于设置 Label、RefDes 的显示方式。该对话框的设置与 Options 菜单中的 Global Preferences（设置操作环境）的对话框的设置有关。如果遵循电路图选项的设置，则 Label、RefDes 的显示方式由电路图选项的设置决定。

（3）Value（数值）。

单击 Value（数值）选项，出现 Value（数值）选项对话框。

（4）Fault（故障）。

Fault（故障）选项可供人为设置元器件的隐含故障。例如在三极管的故障设置对话框中，E、B、C 为与故障设置有关的引脚号，对话框提供 Leakage（漏电）、Short（短路）、Open（开路）、None（无故障）等设置。如果选择了 Open（开路）设置。图中设置引脚 E 和引脚 B 为 Open（开路）状态，尽管该三极管仍连接在电路中，但实际上隐含了开路的故障。这可以为电路的故障分析提供方便。

（5）改变元器件的颜色。

在复杂的电路中，可以将元器件设置为不同的颜色。要改变元器件的颜色，用鼠标指向该元器件，单击右键可以出现菜单，选择 Change Color 选项，出现颜色选择框，然后选择合适的颜色即可。单击右键出现的菜单如图 6-11 所示。

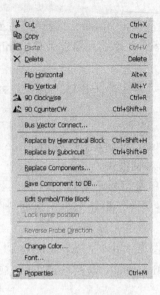

图 6-11　元器件快捷菜单

## 6.3.2　电路图选项的设置

选择 Options 菜单中的 Sheet Properties（工作台界面设置）（Options→Sheet Properties）用于设置与电路图显示方式有关的一些选项。

### 1. Circuit 对话框

选择 Options→Sheet Properties 对话框的 Circuit 选项可弹出如图 6-12 所示的 Circuit 对话框，在 Circuit 对话框中：

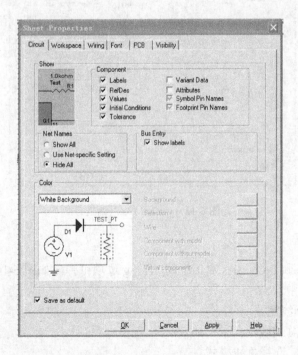

图 6-12　Circuit 对话框

Show 图框中可选择电路各种参数，如 labels 选择是否显示元器件的标志，RefDes 选择是否显示元器件编号，Values 选择是否显示元器件数值，Initial Condition 选择初始化条件，Tolerance 选择公差。

Color 图框中的 5 个按钮用来选择电路工作区的背景、元器件、导线等的颜色。

## 2. Workspace 对话框

选择 Options→Sheet Properties 对话框的 Workspace 选项可弹出如图 6-13 所示的 Workspace 对话框，在 Workspace 对话框中，

Show Grid：选择电路工作区里是否显示格点。

Show Page Bounds：选择电路工作区里是否显示页面分隔线（边界）。

Show border：选择电路工作区里是否显示边界。

Sheet size 区域的功能为设定图纸大小（A-E、A0-A4 以及 Custom 选项），并可选择尺寸单位为英寸（Inches）或厘米（Centimeters），以及设定图纸方向是 Portrait（纵向）或 Landscape（横向）。

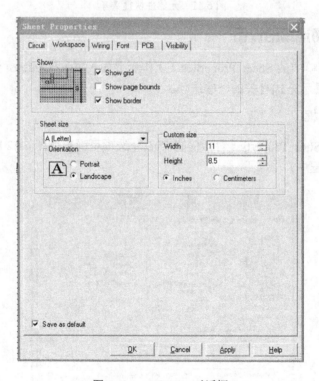

图 6-13 workspace 对话框

## 3. Wiring 对话框

选择 Options→Sheet Properties 对话框的 Wiring 选项可弹出如图 6-14 所示的 Wiring 对话框，在 Wiring 对话框中，

Wire Width：选择线宽。

Bus Width：选择总线线宽。

Bus Wiring Mode：选择总线模式。

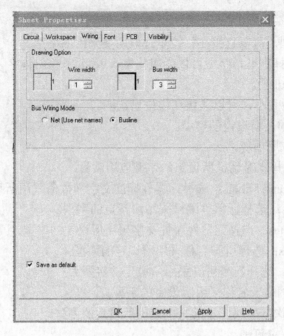

图 6-14　Wiring 对话框

## 4. Font 对话框

选择 Options→Sheet Properties 对话框的 Font 选项可弹出 Font 对话框，Font 对话框如图 6-15 所示。

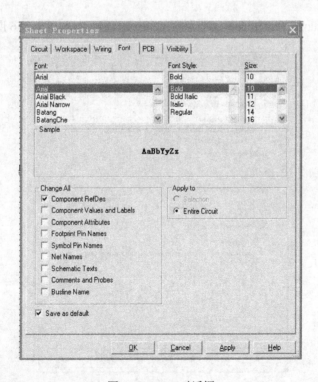

图 6-15　Font 对话框

（1）选择字型。

Font 区域可以字型，可以直接在栏位里选取所要采用的字型。

Font Style 区域选择字型，字型可以为粗体字（Bold）、粗斜体字（Bold Italic）、斜体字（Italic）、正常字（Regular）。

Size 区域选择字型大小，可以直接在栏位里选取。

Sample 区域显示的是所设定的字型。

（2）选择字型的应用项目。

Change All 区域选择本对话框所设定的字型应用项目。

Component Values and Labels：选择元器件标注文字和数值采用所设定的字型。

Component RefDes：选择元器件编号采用所设定的字型。

Component Attributes：选择元器件属性文字采用所设定的字型。

Footprint Pin names：选择引脚名称采用所设定的字型。

Symbol Pin names：选择符号引脚采用所设定的字型。

Net names：选择网络表名称采用所设定的字型。

Schematic Texts：选择电路图里的文字采用所设定的字型。

（3）选择字型的应用范围。

Apply to：区域选择本对话框所设定的字型的应用范围。

Entire Circuit：应用于整个电路图。

Selection：应用在选取的项目。

### 5. Part 对话框

选择 Options→Global Preferences...对话框的 Parts 选项可弹出如图 6-16 所示的 Parts 对话框。

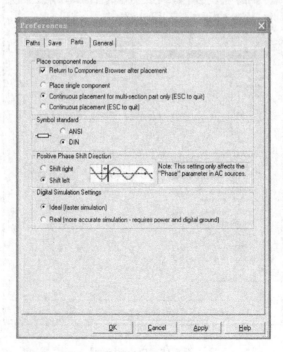

图 6-16　Parts 对话框

（1）选择元器件操作模式。

在 Place component mode 区域选择元器件操作模式。

Place single component：选定时，从元器件库里取出元器件，只能放置一次。

Continuous placement for multi-section part only（ESC to quit）：选定时，如果从元器件库里取出的元器件是 74xx 之类的单封装内含多组件的元器件，则可以连续放置元器件；停止放置元器件，可按［ESC］键退出。

Continuous placement（ESC to quit）：选定时，从元器件库里取出的零件，可以连续放置；停止放置元器件，可按［ESC］键退出。

在 Symbol standard 区域中选择元器件符号标准。

ANSL：设定采用美国标准元器件符号。

DIN：设定采用欧洲标准元器件符号。

（2）选择相移方向。

在 Positive Phase shift Direction 区域选择相移方向，左移（Shift left）或者右移（Shift right）。

（3）数字仿真设置。

在 Digital Simulation Setting 区域选择数字仿真设置，Idea（faster simulation）状态为理想状态仿真，可以获得较高速度的仿真；Real（more accurate simulation-requires power and digital ground）为真实状态仿真。

### 6. Default 对话框

在 Options→Sheet Properties 和 Options→Global Preferences...的各对话框的左下角有一个用于用户默认的设置，单击选择 Save as default 则将当前设置存为用户的默认设置，默认设置的影响范围是新建图纸；除去 Save as default 选择则将当前设置恢复为用户的默认设置。若仅单击 OK 按钮则不影响用户的默认设置，仅影响当前图纸的设置。

## 6.3.3　导线的操作

### 1. 导线的连接

在两个元器件之间，首先将鼠标指向一个元器件的端点使其出现一个小圆点，按下鼠标左键并拖曳出一根导线，拉住导线并指向另一个元器件的端点使其出现小圆点，释放鼠标左键，则导线连接完成。

连接完成后，导线将自动选择合适的走向，不会与其他元器件或仪器发生交叉。

### 2. 连线的删除与改动

将鼠标指向元器件与导线的连接点使出现一个圆点，按下左键拖曳该圆点使导线离开元器件端点，释放左键，导线自动消失，完成连线的删除。也可以将拖曳移开的导线连至另一个接点，实现连线的改动。

### 3. 改变导线的颜色

在复杂的电路中，可以将导线设置为不同的颜色。要改变导线的颜色，用鼠标指向该导线，单击右键可以出现菜单，选择 Change Color 选项，出现颜色选择框，然后选择合适的颜色即可。

**4. 在导线中插入元器件**

将元器件直接拖曳放置在导线上，然后释放即可插入元器件在电路中。

**5. 从电路删除元器件**

选中该元器件，按下 Edit→Delete 即可，或者单击右键可以出现菜单，选择 Delete 即可。

**6. "连接点"的使用**

"连接点"是一个小圆点，单击 Place Junction 可以放置节点。一个"连接点"最多可以连接来自四个方向的导线。可以直接将"连接点"插入连线中。

**7. 节点编号**

在连接电路时，Multisim 自动为每个节点分配一个编号。是否显示节点编号可由 Options →Sheet Properties 对话框的 Circuit 选项设置。选择 RefDes 选项，可以选择是否显示连接线的节点编号。

### 6.3.4　输入/输出端

用鼠标单击 Place 菜单中的 Connectors 选项（Place→Connectors）即可取出所需要的一个输入/输出端。输入/输出端菜单如图 6-17 所示。

在电路控制区中，输入/输出端可以看作是只有一个引脚的元器件，所有操作方法与元器件相同。不同的是输入/输出端只有一个连接点。

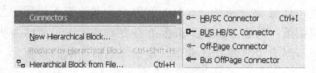

图 6-17　输入/输出菜单

## 6.4　仪器仪表的使用

### 6.4.1　仪器仪表的基本操作

Multisim 的仪器库存放有数字多用表、函数信号发生器、示波器、波特图仪、字信号发生器、逻辑分析仪、逻辑转换仪、瓦特表、失真度分析仪、网络分析仪、频谱分析仪 11 种仪器仪表可供使用，仪器仪表以图标方式存在，每种类型有多台，仪器仪表库的图标如图 6-9 所示。

**1. 仪器的选用与连接**

（1）仪器选用。

从仪器库中将所选用的仪器图标，用鼠标将它"拖放"到电路工作区即可，类似元器件的拖放。

（2）仪器连接。

将仪器图标上的连接端（接线柱）与相应电路的连接点相连，连线过程类似元器件的连线。

**2. 仪器参数的设置**

（1）设置仪器仪表参数。

双击仪器图标即可打开仪器面板。可以用鼠标操作仪器面板上相应按钮及参数设置对话窗口的设置数据。

（2）改变仪器仪表参数。

在测量或观察过程中，可以根据测量或观察结果来改变仪器仪表参数的设置，如示波器、逻辑分析仪等。

### 6.4.2 数字多用表（Multimeter）

数字多用表是一种可以用来测量交直流电压、交直流电流、电阻及电路中两点之间的分贝损耗，自动调整量程的数字显示的多用表。

用鼠标双击数字多用表图标，可以放大的数字多用表面板，如图 6-18 所示。用鼠标单击数字多用表面板上的设置（Set...）按钮，则弹出参数设置对话框窗口，可以设置数字多用表的电流表内阻、电压表内阻、欧姆表电流及测量范围等参数。参数设置对话框如图 6-19 所示。

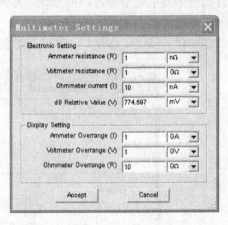

图 6-18 数字多用表面板图　　　　图 6-19 数字多用表参数设置对话框

### 6.4.3 函数信号发生器（Function Generator）

函数信号发生器是可提供正弦波、三角波、方波三种不同波形的信号的电压信号源。用鼠标双击函数信号发生器图标，可以放大的函数信号发生器的面板。函数信号发生器的面板如图 6-20 所示。

函数信号发生器其输出波形、工作频率、占空比、幅度和直流偏置，可用鼠标来选择波形选择按钮和在各窗口设置相应的参数来实现。频率设置范围为 1Hz～999THz；占空比调整值可从 1%～99%；幅度设置范围为 1μV～999kV；偏移设置范围为-999kV～+999kV。

### 6.4.4 瓦特表（Wattmeter）

图 6-20 函数信号发生器面板图

瓦特表用来测量电路的功率，交流或者直流均可测量。用鼠标双击瓦特表的图标可以放大瓦特表的面板。电压输入端与测量电路并联连接，电流输入端与测量电路串联连接。瓦特表的面板如图6-21所示。

图6-21　瓦特表面板图

### 6.4.5　示波器（Oscilloscope）

示波器用来显示电信号波形的形状、大小、频率等参数的仪器。用鼠标双击示波器图标，放大的示波器的面板图如图6-22所示。

示波器面板各按键的作用、调整及参数的设置与实际的示波器类似。

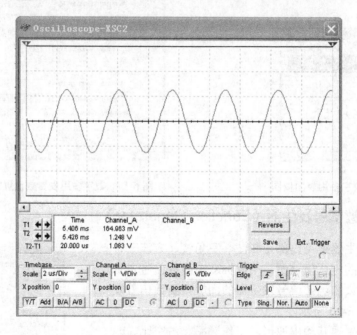

图6-22　示波器面板图

#### 1. 时基（Time base）控制部分的调整

（1）时间基准。

X轴刻度显示示波器的时间基准，其基准为0.1fs/Div～1000Ts/Div可供选择。

（2）X轴位置控制。

X轴位置控制X轴的起始点。当X的位置调到0时，信号从显示器的左边缘开始，正值使起始点右移，负值使起始点左移。X 位置的调节范围从-5.00～+5.00。

（3）显示方式选择。

显示方式选择示波器的显示，可以从"幅度/时间（Y/T）"切换到"A 通道/B 通道中（A/B）"、"B 通道/A 通道（B/A）"或"Add"方式。

① Y/T 方式：X 轴显示时间，Y 轴显示电压值。

② A/B、B/A 方式：X 轴与 Y 轴都显示电压值。

③ Add 方式：X 轴显示时间，Y 轴显示 A 通道、B 通道的输入电压之和。

### 2. 示波器输入通道（Channel A/B）的设置

（1）Y 轴刻度。

Y 轴电压刻度范围从 1fV/Div～1000TV/Div，可以根据输入信号大小来选择 Y 轴刻度值的大小，使信号波形在示波器显示屏上显示出合适的幅度。

（2）Y 轴位置（Y position）。

Y 轴位置控制 Y 轴的起始点。当 Y 的位置调到 0 时，Y 轴的起始点与 X 轴重合，如果将 Y 轴位置增加到 1.00，Y 轴原点位置从 X 轴向上移一大格，若将 Y 轴位置减小到-1.00，Y 轴原点位置从 X 轴向下移一大格。Y 轴位置的调节范围从-3.00～+3.00。改变 A、B 通道的 Y 轴位置有助于比较或分辨两通道的波形。

（3）Y 轴输入方式。

Y 轴输入方式即信号输入的耦合方式。当用 AC 耦合时，示波器显示信号的交流分量。当用 DC 耦合时，显示的是信号的 AC 和 DC 分量之和。

当用 0 耦合时，在 Y 轴设置的原点位置显示一条水平直线。

### 3. 触发方式（Trigger）调整

（1）触发信号选择。

触发信号选择一般选择自动触发（Auto），选择"A"或"B"，则用相应通道的信号作为触发信号。选择"EXT"，则由外触发输入信号触发。选择"Sing"为单脉冲触发。选择"Nor"为一般脉冲触发。

（2）触发沿（Edge）选择。

触发沿（Edge）可选择上升沿或下降沿触发。

（3）触发电平（Level）选择。

触发电平（Level）选择触发电平范围。

### 4. 示波器显示波形读数

要显示波形读数的精确值时，可用鼠标将垂直光标拖到需要读取数据的位置。显示屏幕下方的方框内，显示光标与波形垂直相交点处的时间和电压值，以及两光标位置之间的时间、电压的差值。

用鼠标单击"Reverse"按钮可改变示波器屏幕的背景颜色。用鼠标单击"Save"按钮可按 ASCII 码格式存储波形读数。

# 6.5 直流电路仿真实验

### 6.5.1 仿真实验1 欧姆定律仿真实验

**1. 仿真实验目的**

（1）学习使用万用表测量电阻。

（2）验证欧姆定律。

**2. 元器件选取**

（1）电源：Place Source→POWER_SOURCES→DC_POWER，选取直流电源，设置电源电压为12V。

（2）接地：Place Source→POWER_SOURCES→GROUND，选取电路中的接地。

（3）电阻：Place Basic→RESISTOR，选取 $R2=20\Omega$，$R1=10\Omega$。

（4）数字万用表：从虚拟仪器工具栏调取 XMM1。

（5）电流表：Place Indicators→AMMETER，选取电流表并设置为直流挡。

**3. 仿真实验电路（见图6-23、图6-24）**

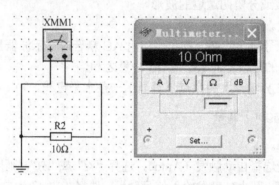

图6-23　数字万用表测量电阻阻值的仿真实验电路及数字万用表面板

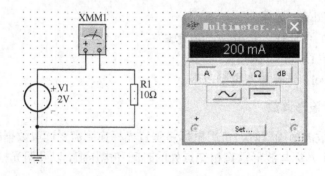

图6-24　欧姆定律仿真电路

**4. 仿真分析**

（1）测量电阻阻值的仿真分析。

① 搭建图6-23所示的用数字万用表测量电阻阻值的仿真实验电路，数字万用表按图设置。

② 单击仿真开关，激活电路，记录数字万用表显示的读数。

③ 将两次测量的读数与所选电阻的标称值进行比较，验证仿真结果。

（2）欧姆定律电路的仿真分析。

① 搭建图 6-24 所示的欧姆定律仿真电路。

② 单击仿真开关，激活电路，数字万用表和电流表均出现读数，记录电阻 R1 两端的电压值 $U$ 和流过电阻 R1 的电流值 $I$。

③ 根据电压设定值 $U$、电流测量值 $I$ 及电阻设定值 $R$ 验证欧姆定律。

④ 改变电源 V1 的电压数值分别为 2V、4V、6V、8V、10V、14V，读取 $U$ 和 $I$ 的数值，填入表 6-1 中，根据记录数值验证欧姆定律，画出 $U(I)$ 特性曲线。

表 6-1　记录 $U$ 和 $I$ 的数值

| 电源电压（V） | 电阻（Ω） | 电流（A） |
| --- | --- | --- |
| 2 | | |
| 4 | | |
| 6 | | |
| 8 | | |
| 10 | | |
| 14 | | |

### 5. 思考题

（1）当电压一定时，如果电阻阻值增加，流过电阻的电流将如何变化？

（2）根据所作的 $U(I)$ 特性曲线，说明相应的电阻是非线性电阻还是线性电阻？

## 6.5.2　仿真实验 2　基尔霍夫电压定律仿真实验

### 1. 仿真实验目的

（1）验证基尔霍夫电压定律。

（2）根据电路的电流和电压确定串联电阻电路的等效电阻。

### 2. 元器件选取

（1）电源：Place Source→POWER_SOURCES→DC_POWER，选取直流电源，设置电源电压为 12V。

（2）接地：Place Source→POWER_SOURCES→GROUND，选取电路中的接地。

（3）电阻：Place Basic→RESISTOR，选取阻值为 10Ω、16Ω 和 24Ω 的电阻。

（4）数字万用表：从虚拟仪器工具栏调取 XMM1。

（5）电流表：Place Indicators→AMMETER，选取电流表并设置为直流挡。

（6）电压表：Place Indicators→VOLTMETER，选取电压表并设置为直流挡。

### 3. 仿真实验电路

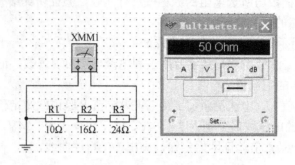

图6-25 串联等效电阻仿真电路及数字万用表面板

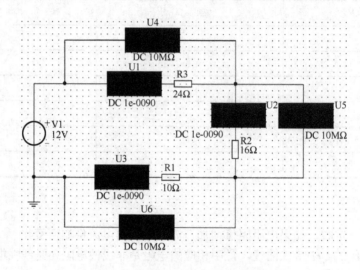

图6-26 基尔霍夫电压定律仿真电路

### 4. 仿真分析

（1）电阻串联仿真电路。

① 搭建图6-25所示的串联等效电阻仿真电路。

② 单击仿真开关，激活电路，数字万用表会显示测量到的电阻串联的等效电阻值，记录测量值，并与计算值比较。

（2）基尔霍夫电压定律仿真电路。

① 搭建图6-26所示的基尔霍夫电压定律仿真电路。

② 单击仿真开关，激活电路，记录电流表显示数据 $I1$、$I1$、$I3$ 和电压表显示数据 $U1$、$U2$、$U3$（分别为各电阻上的电流和两端的电压，图中未标注）。

③ 利用测量的数据，验证基尔霍夫电压定律。

### 5. 思考题

（1）试将等效电阻值 $R$ 的计算值和测量值进行比较，情况如何？

（2）电源电压 $U$ 与 $U1+U2+U3$ 有什么关系？哪些是电压降，哪些是电压升？

### 6.5.3　仿真实验 3　基尔霍夫电流定律仿真实验

#### 1.　仿真实验目的

（1）测量并联电阻电路的等效电阻并比较测量值和计算值。

（2）测量并联电阻支路电流，验证基尔霍夫电流定律。

#### 2.　元器件选取

（1）电源：Place Source→POWER_SOURCES→DC_POWER，选取直流电源并设置电源电压为 12V。

（2）接地：Place Source→POWER_SOURCES→GROUND，选取电路中的接地。

（3）电阻：Place Basic→RESISTOR，选取阻值为 47Ω、68Ω和 100Ω的电阻。

（4）数字万用表：从虚拟仪器工具栏调取 XMM1。

（5）电流表：Place Indicators→AMMETER，
选取电流表并设置为直流挡。

（6）电压表：Place Indicators→VOLTMETER，选取电压表并设置为直流挡。

#### 3.　仿真电路

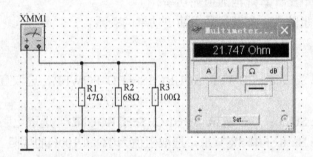

图 6-27　并联等效电阻仿真电路及数字万用表面板

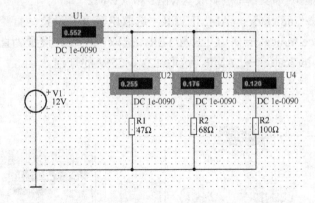

图 6-28　基尔霍夫电流定律仿真电路

#### 4.　仿真分析

（1）电阻并联仿真电路。

① 搭建图 6-27 所示的并联等效电阻仿真电路。

② 单击仿真开关，激活电路，用数字万用表欧姆挡测量并联电路的等效电阻 R。

④ 将测得的等效电阻值与公式计算得到的等效电阻值相比较。

（2）基尔霍夫电流定律仿真电路。

① 搭建图 6-28 所示的基尔霍夫电流定律仿真电路。

② 单击仿真开关，激活电路，记录电流表显示数据 $I$、$I1$、$I2$、$I3$。（分别为总电流及各电阻上的电流，图中未标注）

③ 利用测量的数据，验证基尔霍夫电流定律。

### 6. 思考题

（1）并联电阻的测量值与计算值比较情况如何？

（2）电流 $I$ 与电流 $I1$、$I2$、$I3$ 之和有什么关系？应用这个结果能证实基尔霍夫电流定律的正确性吗？

## 6.5.4　仿真实验 4　直流电路的电功率仿真实验

### 1. 仿真实验目的

（1）研究功率与电压电流之间的关系。

（2）根据电流和电压计算灯泡的损耗功率。

（3）研究负载电阻的大小与获得最大输出功率的关系。

### 2. 元器件选取

（1）电源：Place Source→POWER_SOURCES→DC_POWER，选取直流电源并设置电压为 12V。

（2）接地：Place Source→POWER_SOURCES→GROUND，选取电路中的接地。

（3）电阻：Place Basic→RESISTOR，选取阻值为 1Ω 和 100Ω 的电阻。

（4）可调电阻：Place Basic→PROTENTIOMETER，选取阻值为 200Ω 的可调电阻。

（5）功率表：从虚拟仪器工具栏调取 XWM1 和 XWM2。

（6）电流表：Place Indicators→AMMETER，选取电流表并设置为直流挡。

（7）电压表：Place Indicators→VOLTMETER，选取电压表并设置为直流挡。

（8）灯泡：Place Indicators→LAMP，选取 12V、25W 的灯泡。

### 3. 仿真电路

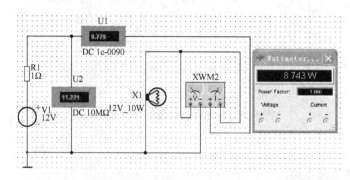

图 6-29　测量灯泡损耗功率的仿真电路及功率表面板图

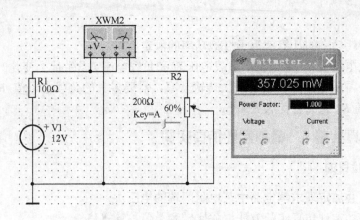

图 6-30　负载电阻获得最大传输功率仿真电路及功率表面板图

### 4．仿真分析

（1）测量灯泡的损耗功率仿真电路。

① 搭建图 6-29 所示的测量灯泡损耗功率的仿真电路。

② 单击仿真开关，激活电路，测量并记录灯泡两端的电压 $U$ 和流过的电流 $I$。

③ 将光标移动到功率表图标上双击鼠标左键，打开功率表面板，读取并记录功率表的读数。

④ 根据步骤②测量的电压 $U$ 和电流 $I$，计算灯泡的损耗功率 $P0$，并与步骤③读取的功率表读数进行比较。

（2）负载电阻获得最大传输功率仿真电路。

① 搭建图 6-30 所示的负载电阻获得最大传输功率仿真电路。

② 单击仿真开关，激活电路，按字母 A 或 a 键（或调节滑块），改变 R2 阻值，观察记录 XWM2 显示的读数。

表 6-2　不同负载实验记录

| 滑动百分比 | R2 阻值（Ω） | 输出功率（W） |
| --- | --- | --- |
| 0% | | |
| 10% | | |
| 20% | | |
| 30% | | |
| 40% | | |
| 50% | | |
| 60% | | |
| 70% | | |
| 80% | | |
| 90% | | |
| 100% | | |

③ 以负载电阻值 $R2$ 为横坐标、负载功率 $P0$ 为纵坐标画出负载功率曲线图，并在曲线上标出最大功率点和相应的 $R2$ 值。

### 5. 思考题

（1）灯泡损耗功率的计算值等于灯泡功率的额定值吗？

（2）当负载电阻值 $R2$ 增大时，负载电压 $U$ 和负载电流 $I$ 发生什么变化？

（3）为了获得从电源到负载的最大传输功率，需要多大的负载电阻值 $R2$？负载电阻值 $R2$ 与电源内阻值 $R1$ 之间有什么关系？

## 6.5.5 仿真实验 5 叠加定理仿真实验

### 1. 仿真实验目的

（1）学会用叠加定理求解电路中某电阻两端的电压。

（2）掌握叠加定理仿真实验方法，并比较测量值与计算值。

### 2. 元器件选取

（1）电源：Place Source→POWER_SOURCES→DC_POWER，选取电源并根据电路设置电压。

（2）接地：Place Source→POWER_SOURCES→GROUND，选取电路中的接地。

（3）电阻：Place Basic→RESISTOR，选取电阻并根据电路设置电阻值。

（4）电压表：Place Indicators→VOLTMETER，选取电压表并设置为直流挡。

### 3. 仿真电路

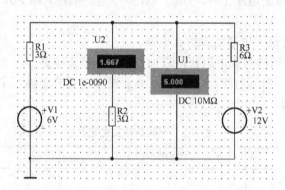

图 6-31 两个电源共同作用仿真电路

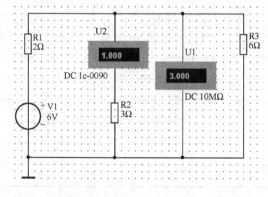

图 6-32 V1 电源单独作用仿真电路

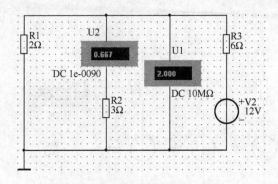

图 6-33  V2 电源单独作用仿真电路

### 4. 仿真分析

（1）搭建图 6-31、图 6-32、图 6-33 所示的叠加定理仿真电路。

（2）单击仿真开关，激活电路，将电压表显示数值记录在表 6-3 中，并比较计算值与测量值，验证叠加定理。

表 6-3  叠加定理仿真数据

|  | 通过 R2 的电流 | R2 两端的电压 |
|---|---|---|
| V1 单独作用 |  |  |
| V2 单独作用 |  |  |
| V1、V2 共同作用 |  |  |

### 5. 思考题

（1）比较电阻 R2 两端的电压降和通过 R2 的电流，说明各电源单独作用与共同作用时的关系如何？

（2）比较计算值与仿真值，情况如何？

（3）说明叠加定理的应用。

## 6.5.6  仿真实验 6  戴维南定理仿真实验

### 1. 仿真实验目的

（1）学会用戴维南定理求解电路。

（2）掌握戴维南定理仿真实验方法，并比较测量值与计算值。

### 2. 元器件选取

（1）电压源：Place Source→POWER_SOURCES→DC_POWER，选取电压源并根据电路设置电压。

（2）电流源 V1：Place Source→SIGNAL_CURRUNT→DC_CURRUN，选取电流源并根据电路设置电流值。

（3）接地：Place Source→POWER_SOURCES→GROUND，选取电路中的接地。

（4）电阻：Place Basic→RESISTOR，选取电阻并根据电路设置电阻值。

（5）数字万用表：从虚拟仪器工具栏调取 XMM1。

### 3. 仿真电路

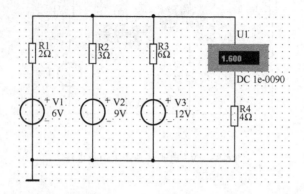

图 6-34　原电路仿真电路

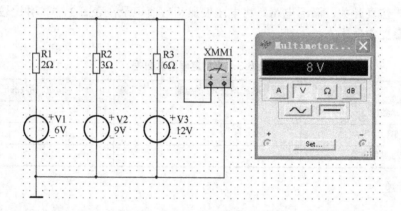

图 6-35　测量有源二端网络开路电压仿真电路及万用表面板

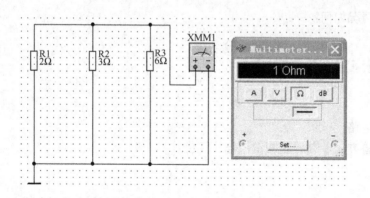

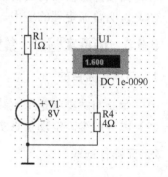

图 6-36　测量有源二端网络等效内阻仿真电路及万用表面板　　图 6-37　戴维南等效电路仿真电路

### 4. 仿真分析

（1）搭建图 6-34 所示的测量电流的仿真电路测量流过 R4 上的电流，并将测量数据填入表 6-4。

（2）搭建图 6-35 所示的测量开路电压的仿真电路（原电路移去 R4），测量开路电压，并将测量数据填入表 6-4。

（3）搭建图 6-36 所示的测量等效内阻的仿真电路（二端网络中的电源视为 0），测量等效内阻，并将测量数据填入表 6-4。

（4）搭建图 6-37 所示的等效电路，其中电源电压设置为二端网络的开路电压，R1 设置为二端网络的等效内阻，测量流过 R4 上的电流，并将测量数据填入表 8-6。

表 6-4 戴维南定理仿真数据

| 原电路中 R4 通过的电流 | | |
|---|---|---|
| 移去 R4 后的 | 开路电压 | |
| 有源二端网络 | 等效内阻 | |
| 等效电路中 R4 通过的电流 | | |

### 5. 思考题

（1）计算电路中 R4 通过的电流，并与仿真值比较。

（2）根据表 6-4，说明戴维南定理的内容。

## 6.6 交流电路仿真实验

### 6.6.1 仿真实验7 感抗仿真实验

#### 1. 仿真实验目的

（1）测定交流电压和电流在电感中的相位关系。

（2）通过测出的电感交流电压和电流有效值确定电感的感抗，并比较测量值与计算值。

（3）测定电感的感抗和电感值之间的关系。

（4）测定电感的感抗和正弦交流电频率之间的关系。

#### 2. 元器件选取

（1）交流电压源：Place Source→POWER_SOURCES→AC_POWER，选取交流电压源并设置电压有效值为 12V、频率为 1000Hz。

（2）接地：Place Source→POWER_SOURCES→GROUND，选取电路中的接地。

（3）电阻：Place Basic→RESISTOR，R2 为电流取样电阻，选取阻值为 1Ω 的电阻。

（4）电感：Place Basic→INDUCTOR，选取电感值为 10mH 的电感。

（5）示波器：从虚拟仪器工具栏调取 XSC1。

（6）电流表：Place Indicators→AMMETER，选取电流表并设置为交流挡。

（7）电压表：Place Indicators→VOLTMETER，选取电压表并设置为交流挡。

#### 3. 仿真电路

略。

#### 4. 仿真分析

（1）建立图 6-38 所示的感抗仿真电路。

（2）单击仿真开关，激活电路。

（3）记录电压表和电流表的读数。

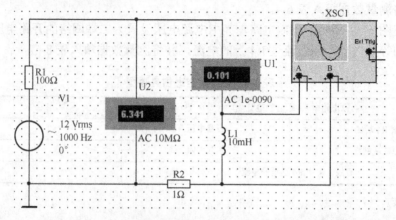

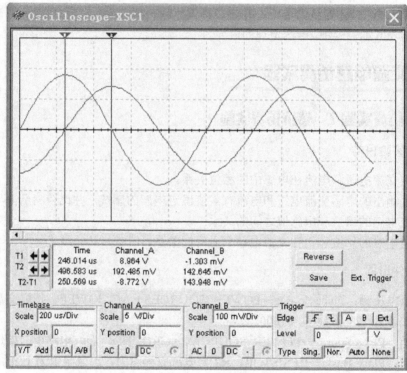

图 6-38　感抗仿真电路及示波器面板

## 6. 思考题

（1）根据电感电压和电流的有效值计算电感 $L$ 的感抗 $X_L$。

（2）用正弦交流电的频率 $f$ 和电感值 $L$ 计算感抗 $X_L$。

（3）根据示波器显示的波形，分析电感上电压与电流的相位关系。

### 6.6.2　仿真实验 8　容抗仿真实验

#### 1. 仿真实验目的

（1）测定交流电压和电流在电容中的相位关系。

（2）通过测出的电容交流电压和电流有效值确定电容的容抗，并比较测量值与计算值。

（3）测定电容的容抗和电容值之间的关系。

（4）测定电容的容抗和正弦交流电频率之间的关系。

## 2. 元器件选取

（1）交流电压源：Place Source→POWER_SOURCES→AC_POWER，选取交流电压源并设置电压有效值为 12V、频率为 1000Hz。

（2）接地：Place Source→POWER_SOURCES→GROUND，选取电路中的接地。

（3）电阻：Place Basic→RESISTOR，R2 为电流取样电阻，选取阻值为 1Ω 的电阻。

（4）电容：Place Basic→CAPACITOR，选取电容值为 100nF 的电容。

（5）示波器：从虚拟仪器工具栏调取 XSC1。

（6）电流表：Place Indicators→AMMETER，选取电流表并设置为交流挡。

（7）电压表：Place Indicators→VOLTMETER，选取电压表并设置为交流挡。

## 3. 仿真电路

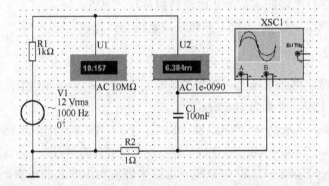

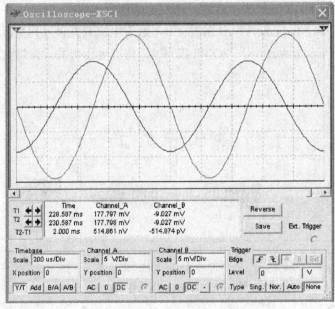

图 6-39　容抗仿真电路及示波器面板图

**4. 仿真分析**

（1）建立图 6-39 所示的容抗仿真电路。

（2）单击仿真开关，激活电路。

（3）记录电压表和电流表的读数。

**5. 思考题**

（1）根据电容电压和电流的有效值计算电容 $C$ 的容抗 $X_C$。

（2）用正弦交流电的频率 $f$ 和电容值 $C$ 计算容抗 $X_C$。

（3）根据示波器显示的波形，分析电容上电压与电流的相位关系。

### 6.6.3 仿真实验 9 串联交流电路的阻抗仿真实验

**1. 仿真实验目的**

（1）测量串联 RL 电路的阻抗，并比较测量值与计算值。

（2）测量串联 RC 电路的阻抗，并比较测量值与计算值。

（3）测量串联 RLC 电路的阻抗，并比较测量值与计算值。

**2. 元器件选取**

（1）交流电压源：Place Source→POWER_SOURCES→AC_POWER，选取交流电压源并设置电压有效值为 12V、频率为 1000Hz。

（2）接地：Place Source→POWER_SOURCES→GROUND，选取电路中的接地。

（3）电阻：Place Basic→RESISTOR，选取阻值为 1kΩ 的电阻。

（4）电容：Place Basic→CAPACITOR，选取电容值为 100nF 的电容。

（5）电感：Place Basic→INDUCTOR，选取电感值为 100mH 的电感。

（6）电流表：Place Indicators→AMMETER，选取电流表并设置为交流挡。

（7）电压表：Place Indicators→VOLTMETER，选取电压表并设置为交流挡。

**3. 仿真电路**

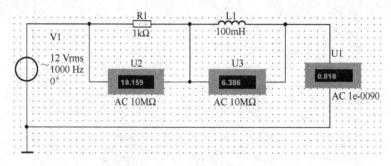

图 6-40 RL 串联阻抗实验电路

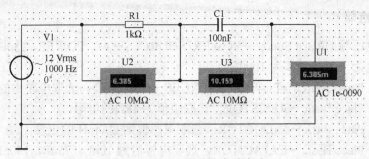

图 6-41　RC 串联阻抗实验电路

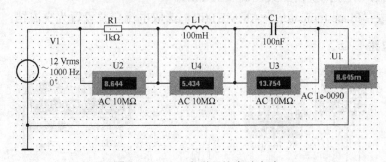

图 6-42　RLC 串联阻抗实验电路

#### 4. 仿真分析

（1）RL 串联阻抗仿真电路。

① 建立图 6-40 所示的 RL 串联阻抗仿真电路。

② 单击仿真开关，激活电路。

③ 记录各部分的电压和电流。

（2）RC 串联阻抗仿真电路。

① 建立图 6-41 所示的 RC 串联阻抗仿真电路。

② 单击仿真开关，激活电路。

③ 记录各部分的电压和电流。

（3）RLC 串联阻抗仿真电路。

① 建立图 6-42 所示的 RLC 串联阻抗仿真电路。

② 单击仿真开关，激活电路。

③ 记录各部分的电压和电流。

#### 5. 思考题

① 根据已知参数，计算各电路各部分的电压和电流，并与测量值比较。

② 根据仿真实验结果，计算三个电路中电阻、电感、电容的阻抗和电路的总阻抗，并分析电路的电压关系和阻抗关系。

### 6.6.4　仿真实验 10　交流电路的功率和功率因数仿真实验

#### 1. 仿真实验目的

（1）测定电感性负载（RL 串联电路）的有功功率和功率因数。

（2）确定 RL 串联电路提高功率因数所需要的电容。

### 2. 元器件选取

（1）交流电压源：Place Source→POWER_SOURCES→AC_POWER，选取交流电压源并设置电压有效值为12V、频率为1000Hz。

（2）接地：Place Source→POWER_SOURCES→GROUND，选取电路中的接地。

（3）电阻：Place Basic→RESISTOR，选取阻值为1kΩ的电阻。

（4）电感：Place Basic→INDUCTOR，选取电感值为200mH的电感。

（5）电容：Place Basic→CAPACITOR，选取电容值为10nF、75nF、150nF的电容。

（6）功率表：从虚拟仪器工具栏调取XWM1。

（7）电流表：Place Indicators→AMMETER，选取电流表并设置为交流挡。

### 3. 仿真电路

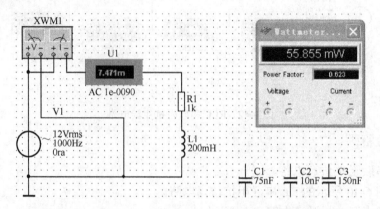

图6-43　测量RL串联电路功率的仿真电路及功率表面板图

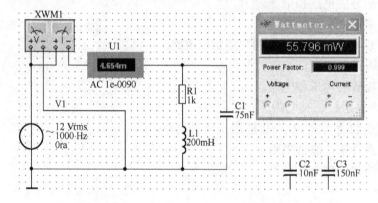

图6-44　功率因数提高仿真电路及功率表面板图

### 4. 仿真分析

（1）测量RL串联电路功率的仿真电路。

① 建立图6-43所示测量RL串联电路功率的仿真电路。

② 单击仿真开关，激活电路，记录RL电路两端的总电压有效值$U$、电流有效值$I$、有功功率$P$及功率因数$\cos\phi$。

（2）功率因数提高仿真电路。

① 图6-44所示为功率因数提高仿真电路，该电路为上述电感性负载上分别并联10nF、

75nF、150nF 的电容。

②　分别接入 C1、C2、C3，单击仿真开关，激活电路，记录电路电流有效值 $I$、有功功率 $P$ 及功率因数 $\cos\phi$。

### 5. 思考题

（1）根据 RL 串联电路的电路参数，计算 RL 串联电路的有功功率 $P$、无功功率 $Q$ 和视在功率 $S$，并与仿真值比较。

（2）根据电感性负载提高功率因数电路实验结果，分析提高电感性负载电路功率因数的方法和意义。

## 6.6.5　仿真实验 11　三相交流电路仿真实验

### 1. 仿真实验目的

（1）学会三相对称负载 Y 连接时相电流和相电压的测量方法，了解不对称负载连接时中性线的作用。

（2）学会三相对称负载△连接时线电流和线电压的测量方法，了解相电流与线电流的关系。

### 2. 元器件选取

（1）交流电压源：Place Source→POWER_SOURCES→AC_POWER，选取电压源并设置电压为 220V、频率为 50Hz。

（2）接地：Place Source→POWER_SOURCES→GROUND，选取电路中的接地。

（3）电阻：Place Basic→RESISTOR，选取电阻并依据仿真图要求设置阻值。

（4）电感：Place Basic→INDUCTOR，选取电感值为 1H 的电感。

（5）电压表：Place Indicators→VOLTMETER，选取电压表并设置为交流挡。

（6）电流表：Place Indicators→AMMETER，选取电流表并设置为交流挡。

（7）开关：Place Basic→SWITCH，选取开关，并设置热键。

### 3. 仿真电路

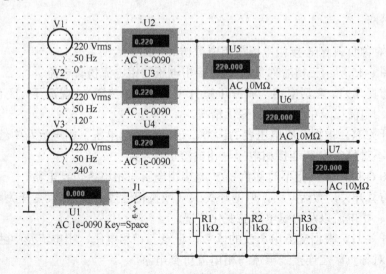

图 6-45　三相对称负载 Y 连接相电压与相电流仿真电路

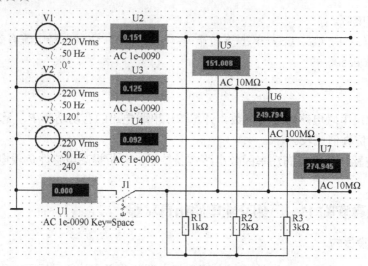

图 6-46　三相不对称负载 Y 连接相电压与相电流仿真电路

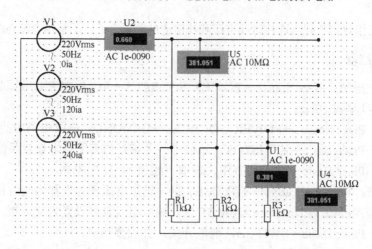

图 6-47　三相负载△连接线电流与相电流仿真电路

### 4.　仿真分析

（1）三相对称负载 Y 连接相电压与相电流仿真电路。

① 搭建图 6-45 所示三相对称负载 Y 连接相电压与相电流仿真电路。

② 单击仿真开关，激活电路，单击开关 J1（或按相应热键），观察开关闭合和断开情况下，相电压、相电流以及中线电流的变化情况。

③ 闭合开关 J1，根据交流电压表的读数，记录三相相电压、相电流及中线电流。

（2）三相不对称负载 Y 连接相电压与相电流仿真电路。

① 搭建图 6-46 所示三相不对称负载 Y 连接相电压与相电流仿真电路。

② 单击仿真开关，激活电路，单击开关 J1（或按相应热键），观察在开关闭合和断开情况下，相电压、相电流以及中线电流的变化情况。

③ 闭合开关 J1，根据交流电压表的读数，记录三相相电压、相电流及中线电流。

（2）三相对称负载△连接线电流与相电流仿真电路。

① 搭建图 6-47 所示三相负载△连接线电流与相电流仿真电路。

② 单击仿真开关，激活电路，根据各交流电流表的读数，记录线电流、相电流、线电压和相电压。

### 5. 思考题

（1）若三相不对称负载 Y 连接且无中线时，各相电压的分配关系将会如何？说明中性线的作用和实际应用中需注意的问题。

（2）画出三相对称负载△连接时线电流与相电流的相量图，并进行计算，验证仿真数据正确与否。

## 6.6.6 仿真实验 12 三相电路功率测量仿真实验

### 1. 仿真实验目的

（1）学会用三功率表法测量三相电路的有功功率。

（2）学会用二功率表法测量三相电路的有功功率。

### 2. 元器件选取

（1）交流电压源：Place Source→POWER_SOURCES→AC_POWER，选取电压源并依据仿真图要求设置其参数。

（2）接地：Place Source→POWER_SOURCES→GROUND，选取电路中的接地。

（3）电阻：Place Basic→RESISTOR，选取电阻并依据仿真图要求设置电阻值。

（4）功率表：从虚拟仪器工具栏调取 XWM1。

### 3. 仿真电路

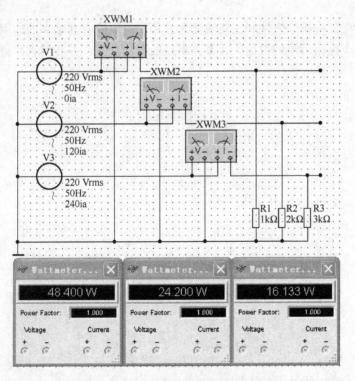

图 6-48　三相负载不对称三功率表仿真电路及各功率表的面板示数

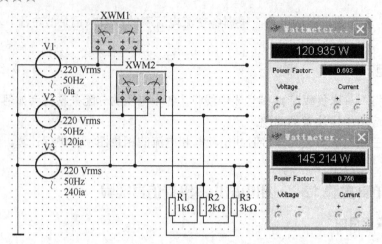

图 6-49　三相负载不对称二功率表仿真电路及各功率表的面板示数

### 4. 仿真分析

（1）三相负载不对称三功率表仿真电路。

① 搭建图 6-48 所示三相负载不对称三功率表仿真电路。

② 单击仿真开关，激活电路，记录三功率表的读数。

（2）三相负载不对称二功率表仿真电路。

① 搭建图 6-49 所示三相负载不对称二功率表仿真电路。

② 单击仿真开关，激活电路，记录二功率表的读数。

### 5. 思考题

（1）根据实验，分析二表法和三表法测量三相交流电路有功功率的适用范围。

（2）根据各个电路所给的数值，计算各电路的有功功率，并与仿真数值进行比较。

# 附录 A 实验室安全操作规则

为了保证人身安全，防止仪器、仪表的损坏，实验者必须遵守下列安全操作规则：

（1）熟悉电源控制装置，当出现故障时应迅速切断电源。交、直流电源不能接错，直流电流不能接反。

（2）实验前要预习实验内容，熟悉实验设备，防止实验值超过额定值而损坏电器设备。熟悉电路的接线方式，防止接错电路，特别要防止短路故障。

（3）进入实验室要保持安静，爱护实验设备、器材。实验时，器材要摆放整齐，用完后归还原处。

（4）认真阅读仪器、仪表的说明书，在老师的指导下正确操作。不懂时，不要随便操作仪器、仪表，以免损坏。不得操作与本次实验无关的仪器、仪表。

（5）仪表更换量限时，不得带电操作，不可触摸裸露带电部分。电路安装好后，应在老师的指导下接通电源，进行测试，不得自行通电。

（6）实验完成后，所用仪器、仪表的电源应全部断电。

（7）认真做好实验记录，完成实验报告。

# 附录 B 实验报告的一般格式

## ××××实验报告（用实验名称替代××××）

班级　　　　　　　姓名　　　　　　　学号　　　　　　　级别

同组人　　　　　　日期　　　　　　　成绩

1. 实验目的

2. 实验器材

| 名　称 | 型号和规格 | 数　量 | 编　号 |
|--------|-----------|--------|--------|
|        |           |        |        |
|        |           |        |        |
|        |           |        |        |
|        |           |        |        |

3. 实验电路

4. 实验记录（一般用表格或绘图记录）

5. 实验总结

6. 思考题

指导老师签名

# 附录 C 实验室主要仪表及实验设备一览表

| 序 号 | 名 称 | 型 号 | 规 格 | 备 注 |
|---|---|---|---|---|
| 1 | 直流稳压电源 | JW—3 | 0~30V（1A，0.5A） | 两路输出 |
| 2 | 万用表 | 500 或 MF47 | | |
| 3 | 双踪示波器 | SR8 | 频宽（0~15MHz） | 全晶体管化 |
| 4 | 正弦信号发生器 | XD2 | 0~5V（1~1000kHz） | |
| 5 | 直流单臂电桥 | QJ23 | 1~9 999 000Ω | |
| 6 | 直流双臂电桥 | QJ103 | 0.00001~11Ω | |
| 7 | 兆欧表 | ZC—7 | 500V（1~500Ω）俗称摇表 | |
| 8 | 单相调压器 | TSGC | 220VA（110/220V） | |
| 9 | 数字万用表 | DT—930T 或 DT380 | | |
| 10 | 晶体管毫伏表 | DA—16 | 100~300μV | 频率：20~100MHz |
| 11 | 电度表 | DD28 | 3（6）A1950r/kWh | |
| 12 | 三相有功电度表 | DS15（DT2） | | |
| 13 | 互感器与钳形电流表 | MG—20（21）5A 100V | | |
| 14 | 磁通计 | CT1 | 0.1mWb/div | |
| 15 | 功率表 | D26—W | 0.5/1A，125/250V | |
| 16 | 低功率因数功率表 | D34—W | 0.5/1A，150/300V | $\cos\varphi=0.2$ |
| 17 | 频率表 | D3—Hz | 45~55Hz | |
| 18 | 相位表（功率因数表）D3—Φ | | | |
| 19 | 滑线变阻器 | | 各种规格 | |
| 20 | 试电笔 | | | |

# 附录 D 电工仪表的标记符号

在电工仪表刻度盘或面板上，通常用各种不同的符号来标注仪表各类技术特性，把这类反映仪表技术特性的符号叫做仪表的标记。按国家标准，电工仪表的标记有测量对象的单位、准确度等级、电源种类和相数。有关标记符号规定如下列各表所示。

## 一、测量单位的符号

| 名　称 | 符　号 | 名　称 | 符　号 | 名　称 | 符　号 |
|---|---|---|---|---|---|
| 千安 | kA | 瓦特 | W | 相位角 | $\varphi$ |
| 安培 | A | 兆乏 | Mvar | 功率因数 | $\cos\varphi$ |
| 毫安 | mA | 千乏 | Kvar | 无功功率因数 | $\sin\varphi$ |
| 微安 | μA | 乏尔 | var | 微法 | μF |
| 千伏 | kV | 兆赫 | MHz | 皮法 | pF |
| 伏特 | V | 千赫 | kHz | 亨 | H |
| 毫伏 | mV | 赫兹 | Hz | 毫亨 | mH |
| 微伏 | μV | 兆欧 | MΩ | 微亨 | μH |
| 兆瓦 | MW | 千欧 | kΩ | | |
| 千瓦 | kW | 欧姆 | Ω | | |

## 二、测量仪表的符号

| 名　称 | 符　号 | 名　称 | 符　号 | 名　称 | 符　号 | 名　称 | 符　号 |
|---|---|---|---|---|---|---|---|
| 安培表 | Ⓐ | 毫伏表 | mV | 兆欧表 | MΩ | 无功功率表 | var |
| 毫安表 | mA | 欧姆表 | Ω | 电度表 | kW-h | 功率因数表 | $\cos\varphi$ |
| 电压表 | Ⓥ | 瓦特表 | W | 频率表 | Hz | 磁通计 | mWb |

## 三、电流种类符号

| 名　称 | 符　号 | 名　称 | 符　号 | 名　称 | 符　号 | 名　称 | 符　号 |
|---|---|---|---|---|---|---|---|
| 直流 | — | 交流 | ~ | 直流和交流 | —~ | 三相交流 | ≋ |

## 四、准确度等级符号

| 名　称 | 符　号 | 名　称 | 符　号 | 名　称 | 符　号 |
|---|---|---|---|---|---|
| 以标度尺量程百分数表示的准确度等级，例如1.5级 | 1.5 | 以标度尺长度进分数表示的准确度等级，例如1.5级 | ⟋1.5 | 以指示值百分数表示的准确度等级，例如1.5级 | (1.5) |

## 五、工作原理图形符号

| 名　称 | 符　号 | 名　称 | 符　号 | 名　称 | 符　号 |
|---|---|---|---|---|---|
| 磁电系仪表 | | 电动系仪表 | | 感应系仪表 | |
| 磁电系比率表 | | 电动系比率表 | | 静电系仪表 | |
| 电磁系仪表 | | 铁磁电动仪表 | | 整流系仪表（半导体整流器和磁电系测量机构） | |
| 电磁系比率表 | | 铁磁电动系比率表 | | 热电系仪表（接触式热变换器和磁电系测量机构） | |

## 六、工作位置符号

| 名　称 | 符　号 | 名　称 | 符　号 | 名　称 | 符　号 |
|---|---|---|---|---|---|
| 标度尺位置为垂直的 | ⊥ | 标度尺位置为水平的 | ⌐ | 标度尺位置与水平线成一定角度，例如60° | ⟋60° |

## 七、绝缘强度符号

| 名　称 | 符　号 | 名　称 | 符　号 |
|---|---|---|---|
| 不进行绝缘强度试验 | ☆ | 绝缘强度试验电压为 2kV | ☆ |

## 八、端钮、调零器符号

| 名　称 | 符　号 | 名　称 | 符　号 | 名　称 | 符　号 | 名　称 | 符　号 |
|---|---|---|---|---|---|---|---|
| 负端钮 | – | 公共端钮 | * | 与外壳相连接的端钮 | ⏚ | 调零器 | ⌒ |
| 正端钮 | + | 接地端钮 | ⏚ | 与屏蔽相连接的端钮 | ◯ | | |

## 九、按外界条件分组的符号

| 名　称 | 符　号 | 名　称 | 符　号 | 名　称 | 符　号 |
|---|---|---|---|---|---|
| Ⅰ级防御外磁场（例如磁电系） | ◠ | Ⅲ级防御外磁场及电场 | Ⅲ Ⅲ | B组仪表 | Ⓑ |
| Ⅰ级防御外电场（例如电磁系） | 公 | Ⅳ级防御外磁场及电场 | Ⅳ Ⅳ | C组仪表 | Ⓒ |
| Ⅱ级防御外磁场及电场 | Ⅱ Ⅱ | A组仪表 | Ⓐ | | |

# 读者意见反馈表

书名：电工基础实验（第3版）　　　　作者：周德仁　　　　责任编辑：蔡葵

> 谢谢您关注本书！烦请填写该表。您的意见对我们出版优秀教材、服务教学，十分重要。如果您认为本书有助于您的教学工作，请您认真地填写表格并寄回。我们将定期给您发送我社相关教材的出版资讯或目录，或者寄送相关样书。

**个人资料**

姓名_____年龄_____联系电话_____（办）_____（宅）_____（手机）

学校_____专业_____职称/职务_____

通信地址_____邮编_____E-mail_____

**您校开设课程的情况为：**

本校是否开设相关专业的课程　□是，课程名称为_____　□否

您所讲授的课程是_____课时_____

所用教材_____出版单位_____印刷册数_____

**本书可否作为您校的教材？**

□是，会用于_____课程教学　　□否

**影响您选定教材的因素（可复选）：**

□内容　　　　□作者　　　　□封面设计　　□教材页码　　　　□价格　　　　□出版社

□是否获奖　　□上级要求　　□广告　　　　□其他_____

**您对本书质量满意的方面有（可复选）：**

□内容　　　　□封面设计　　□价格　　　　□版式设计　　　　□其他_____

**您希望本书在哪些方面加以改进？**

□内容　　　　□篇幅结构　　□封面设计　　□增加配套教材　　□价格

可详细填写：_____
_____

**您还希望得到哪些专业方向教材的出版信息？**
_____

> 谢谢您的配合，请将该反馈表寄至以下地址。如果需要了解更详细的信息或有著作计划，请与我们直接联系。

通信地址：北京市万寿路 173 信箱　中等职业教育教材事业部　　　邮编：100036

http://www.hxedu.com.cn　　　E-mail:ve@phei.com.cn　　　电话：010-88254600；88254591

# 反侵权盗版声明

    电子工业出版社依法对本作品享有专有出版权。任何未经权利人书面许可，复制、销售或通过信息网络传播本作品的行为；歪曲、篡改、剽窃本作品的行为，均违反《中华人民共和国著作权法》，其行为人应承担相应的民事责任和行政责任，构成犯罪的，将被依法追究刑事责任。

    为了维护市场秩序，保护权利人的合法权益，我社将依法查处和打击侵权盗版的单位和个人。欢迎社会各界人士积极举报侵权盗版行为，本社将奖励举报有功人员，并保证举报人的信息不被泄露。

举报电话：（010）88254396；（010）88258888

传　　真：（010）88254397

E-mail：　dbqq@phei.com.cn

通信地址：北京市万寿路 173 信箱

　　　　　电子工业出版社总编办公室

邮　　编：100036